バイカルアザラシを追って

進化の謎に迫る

宮崎信之 著

EURASIA LIBRARY

ユーラシア文庫
1

目　次

バイカルアザラシを追って
―進化の謎に迫る―

はじめに

読者の皆さんの中には、2002年8月に多摩川の丸子橋付近で発見された子供のアゴヒゲアザラシ「タマちゃん」を覚えている方も多いのではないかと思う。この個体の姿がテレビや新聞で紹介され、野生のアザラシを人間の生活圏で見ることができることから、日本では大人だけでなく子供までもが「タマちゃん」に注目し、人間と野生動物との関係への社会的関心が高まったようである。

この種類は、通常、北極海周辺からベーリング海、オホーツク海の寒冷域で生活しているのであるが、まれに日本沿岸域まで来遊してくることがある。当時のマスメディアでは報道されていなかったが、体のサイズからまだ成熟していない個体で、腹側にペニスが収まる生殖孔が観察されることから、「タマちゃん」はアゴヒゲアザラシの未成熟オスで、何らかの理由で主たる集団から離れて太平洋を南下してきたと思われる。好奇心旺盛な若いアザラシのこのチャレンジングな行動は、この種類が棲む場所を拡げる大きな原動力になっているのではないかと想像できる。

アザラシ類は分類学的には哺乳動物綱の食肉目ア

ザラシ科に属する動物で、南極海や北極海の両極域はもちろんのこと、温帯域や熱帯域にも生息しており、世界中の海で観察することができる。ところが、本書が取り上げるバイカルアザラシは、北極海から遠く離れたユーラシア大陸の淡水湖であるバイカル湖に生息しており、その謎が世界中の研究者から注目されてきた。

私は1970年に東京大学海洋研究所の大学院生として研究活動を開始して以来、約45年間にわたって海棲哺乳動物（クジラ、イルカ、アザラシ、ジュゴン、マナティーなど）を研究してきた。いつか機会を見つけてこの神秘的な存在のバイカルアザラシを調べてみたいという夢をもっていたが、第二次世界大戦後の東西の冷戦時代には、ソ連邦の内陸に存在するバイカル湖を訪れる機会もなく、私の一生の間にはバイカル湖でバイカルアザラシに出会うことはないものと諦めていた。

ところが、1980年代になってソ連邦の科学アカデミーの判断で、バイカル湖を国際共同研究の拠点として世界の研究者に開放するようになり、その事務局はイルクーツクにある湖沼学研究所に設置された。そこで日本では、バイカル湖に関心を持つ研究者が個人的に集まり、ソ連邦、米国、英国、ベルギー、スイスの研究者と協力して国際的な研究機関の創設に尽力した。その結果、1988年11月にバイカル国際生態学研究センター（BICER: Baikal International Center for Ecological Research）が開設され、様々な専門分野の研究者がバイカル湖で研究を開始し、これまでに多くの研究成果をあげてきた[1-9]。この本の内容は、この国際共同研究の成果の一部である。

本書では、最初にバイカル湖ならびにアザラシ類の概要を紹介する。次にバイカルアザラシの形態的特徴や生態的特徴を述べる。特に生態的特徴に関しては、安定同位体比手法およびバイオロギング手法という最先端の科学技術を駆使して得られた魅力的な研究成果を紹介する。最後に、バイカルアザラシと近縁な2種類（カスピカイアザラシとワモンアザラシ）のアザラシの形態的特徴（頭骨の特性値）や分子生物学的特徴（ミトコンドリアDNAの特性値）を比較して、バイカルアザラシの進化・系統を検討し、なぜこの種類が外洋から遠く離れた淡水湖にすむようになったのか、新しい仮説を紹介する。

寒冷地にあるバイカル湖は、冬季、全面的に氷で覆われるが、そこに生息するアザラシは呼吸をするために鋭い爪で氷に穴をあけ、この呼吸孔を通じて氷上と湖水の間を移動することが知られている。母親のアザラシは水中で餌生物を捕食してエネルギーを獲得するとともに、氷で囲まれたシェルターのなかで子供のアザラシを育てる。このような行動は、バイカルアザラシだけではなく、ユーラシア水系に生息するカスピカイアザラシやワモンアザラシにも共通にみられる。この3種類は、このような生態的特徴や頭骨などの形態的特徴からともに近縁な種類であり、同じ*Pusa*亜属に属すると考えられている。これら3種類に関する有効な情報を比較検討することにより、バイカルアザラシの進化・系統について考えてみたい。

執筆するにあたっての基本的な考え方としては、バイカルアザラシに関してこれまでロシアの研究者が主体的に実施してきた研究の成果を簡潔に紹介するとともに、バイカル国際生態学研究センターの創設の1988年以降に実施してきた日本とロシアの共同研究で得られた成果（学術論文や総説）を中心に紹介する。また、調査の背景を理解して頂くために、幾つかのエピソードについても簡単に触れることにした。特に、日本の研究チームの研究内容を紹介する記述では、できるだけ論文の内容に忠実に記述するように努力したが、引用した研究論文の内容に関しては著者に相談することなく執筆したことから、本書の責任は全て筆者にあることをお断りしたい。

1. ロシアとの共同研究

バイカル国際生態学研究センターの創設を経て、1989年5月以降、私はロシアの研究者との共同研究を企画し、バイカルアザラシの生活史と生息環境の調査・研究を実施することになった（図1）。1992年に日本チームのリーダーとしてバイカルアザラシの調査を開始した。ロシアとの共同研究の開始当初は、ロシア人の生活習慣や物事の考え方に多少戸惑いを感じていたが、辛抱強く対応することにより、日本とロシアの研究者との間に信頼関係が深まり、次第に調査・研究を計画通りに実践することができるようになり、次々と新しい研究成果をあげることができた。

ロシアの研究者は私たちのバイカルアザラシに関する研究成果を高く評価するようになり、その後は、カスピ海に生息するカスピカイアザラシや北極海に生息するワモンアザラシを対象とした新しい共同研究を次々と要請してきた。その要請を受けて、私は研究チームを組織し、1993年、1997年、1998年、2000年にはボルガ川畔の都市、アストラハンにあるカスピ海水産研究所との協力でカスピカイアザラシを、1995年には北極海のディクソンに滞在し、ロシア南極・北極研究所やロシア自然保護研究所との協力でワモンアザラシを調査することになった。それまでは文献を通じてしか知り得ない世界であったが、私たちは現地に赴き、自分達の目でこれらの動物やその環境を観察することによって新しい課題を見つけ、次々と新しい研究を展開し、多くの科学的知見を蓄積することができた[1)]。

当初、バイカルアザラシを対象とした国際共同研究は5年間で打ち切ることを考えていたのであるが、日本学術振興会による海外学術調査に関する研究費の支援を受けて、バイカルアザラシだけでなくカスピカイアザラシやワモンアザラシにまで対象を広げた共同研究を2004年まで続けることができた。

その後も、2000年以来2年に1回開催される北極

図1 日本とロシアの共同調査船バルハシ号。

圏国際哺乳類学会（International Conference for Marine Mammals of the Holarctic）にロシアの研究者から毎回招聘され、現在でも彼らとの交流が継続している。これらの研究活動を通じて、私はロシアの関係者から研究のみならず日常生活の面でも多くのことを学ぶことができた。また、現地での国際共同調査には日本から多くの大学院生が参加し、精力的に活動した。その時の縁で、現在でも両国の若い研究者の間で交流が継続している。

2. バイカル湖

私たちが研究対象に選んだこのバイカル湖（北緯51～56度、東経104～110度）は、ユーラシア大陸東部のタイガ樹林帯に位置し、約3,000万年前に形成した古代湖である（図2）。最深度が1,643mで世界一深く、1911年には40.5mの透明度が記録されている。バイカル湖は周辺域の自然の景観を含めて、世界で最も美しい湖の一つとして知られ、1996年にはユネスコ

図2　バイカル湖（左上）、シベリア鉄道の線路（右上）、バイカル湖（左下）、険しい地殻構造（右下）。

の世界自然遺産に登録された。その面積は約31,500km^{2}で琵琶湖の約47倍、流域面積は556,000km^{2}で世界の湖沼水の約20%を占める淡水湖である。

この湖には原生動物を除くと285属1,017種が生息し、そのうちの約70%がバイカル湖にしか生存していない固有な種類（固有種）であることから、野生生物の適応・進化の謎を解く上で魅力的な湖として知られている。私たち生物の研究者にとっては、このバイカル湖は「自然の進化の博物館」として、野生生物の適応・進化を考える上でアイデアの宝庫であることから、一度は訪れて、野生生物を対象に調査してみたいと考えるあこがれの湖のひとつであった（表1）[10)]。進化論で有名なチャールズ・ダーウィンがビーグル号に長期間乗船（1831～1836年）し、航海の途中に訪れたガラパゴス諸島でフィンチ、ゾウガメ、イグアナなどの野生生物を調査した。そこで生物が様々な環境に適応している姿を観察して「自然淘汰」のアイデアを生み出し、1859年に名著『種の起源』を出版したことはよく知られている。このバイカル湖も、適応・進化の現象を明らかにする上では、ガラパゴス諸島に匹敵する魅力的なフィールドとして考えられてきた。

ただし、第二次世界大戦後に東西の冷戦時代が長く続き、国策として外国人研究者の調査を認めなか

表１バイカル湖に生息している動物。[10]

分類群	出現数		固有率（%）		備考
	属	種	属	種	
原生動物門	80	317	16.3	28.4	Kozbov (1963)
海綿動物門	5	10	60.0	60.0	〃
刺胞動物門	1	2	0	50.0	〃
へん形動物門					〃
ウズムシ類	26	73	65.4	95.9	Timoshkin (1993)
吸虫類	10	12	0	0	Kozbov (1963)
条虫類	10	17	0	35.3	〃
線虫動物門	10	18	20.0	55.5	〃
輪形動物門	21	48	0	10.4	〃
こう頭虫門	3	3	0	66.7	〃
軟体動物門					〃
マキガイ類	12	72	50.0	73.6	〃
ニマイガイ類	3	12	0	25.0	〃
環形動物門					〃
ゴカイ類	1	1	0	100.0	〃
ミミズ類	23	62	8.7	72.6	〃
ヒル類	10	17	20.0	58.8	〃
緩歩動物門	1	1	0	?	〃
節足動物門					〃
ダニ類	4	6	0	50.0	〃
ミジンコ類	7	10	0	0	〃
カイムシ類	4	152	?	87.5	Mazepova (1993)
カイアシ類	27	86	3.7	67.4	Kozbov (1963)
ムカシエビ類	1	2	0	100.0	〃
ミズムシ類	1	5	0	100.0	〃
ヨコエビ類	46	259	97.8	98.1	Kamaltynov (1992)
カワゲラ類	2	2	0	?	Kozbov (1963)
トビケラ類	9	36	22.2	36.1	〃
ユスリカ類	20	60	0	18.3	〃
脊椎動物門					〃
魚類	27	50	34.8	46.0	〃
哺乳類	1	1	0	100.0	〃
合計	365	1334	27.7	60.3	
	285	1017	30.9	70.3	原生動物をのぞく

ったために、このバイカル湖では専ら旧ソ連邦の研究者により古典的な手法を用いた調査が実施されてきており、最新の技術を駆使してその神秘の謎を明らかにすることは困難であった。幸い、1988年11月にバイカル国際生態学研究センター（BICER）が開設され、日本、米国、英国、ベルギー、スイスの研究者との国際共同研究が実施されるようになり、先端科学技術を駆使した斬新な視点からの研究が可能になった。このセンターの事務局はイルクーツクにあるロシア湖沼学研究所に設置され（図3）、調査・研究のスケジュールの立案、調査に関する書類の作成、研究員の配置、調査船の準備、研究費の調整などに重要な役割を果たしてくれた。

このバイカル湖はシベリア台地とアムールマイク

図3　イルクーツクにある湖沼学研究所。

ロプレートの境の位置に形成された地溝湖（断層運動によって形成される窪地にできる湖）で、地形的に非常に特徴のある湖である。約3,000万年前にシベリア台地に圧力がかかり亀裂（スプリット）が生じ、その弓形の部分に水が溜まりバイカル湖が形成されたと考えられている。アフリカ大陸のタンガニーカ湖、マラウイ湖などもバイカル湖と同様に形成された古代湖として知られている。バイカル湖では、このスプリットがその後何回か起きていることから、南北で独特の形状を持つようになった。その結果、オルホン島とウシカニ島を結ぶアカデミー湖脚で北湖盆と南・中央湖盆に分けられ、セレンガデルタで北の中央湖盆と南の南湖盆に分けられるようになった[11]。また、バイカル湖の周辺の山地には氷河地形が発達し、現在でも万年雪をいただいている山々が見られる。ほとんどが断崖でかこまれているが、山と湖が離れているところでは、氷河が谷を削り、長い年月をかけて削り取られた岩石や礫などが堆積して形成されたモレーンや融氷洪水堆積物を見ることができる。

バイカル湖へ旅をするには、シベリアの交通の要衝であるイルクーツクは重要な都市である。1783年、伊勢の船頭の大黒屋光太夫は遠州灘で大嵐にあい、アリューシャン列島のアムチトカに流れ着いた。その後、日本への帰国の許可を取得するために様々な努力をした結果、1791年にロシア皇帝であるエカテリーナ女帝に謁見し、帰国許可を取得した。その際、大黒屋光太夫はこのイルクーツクの街に一時的に滞在していたことが知られている。イルクーツクはシベリア鉄道の主要な駅で、毎年、観光客がバイカル湖を訪れるのによく利用している。私たちが調査の拠点にしたバイカル湖の南端に位置するリストビアンカはイルクーツクから約100kmの距離にある湖畔の美しい街である。そこを通るシベリア鉄道の沿線には激しい地殻変動の証拠が残されている。実際、リストビアンカの郊外に敷かれているシベリア鉄道の線路沿いを歩いてみると、突然トンネルが現れる。トンネルを囲む地層を見ると複雑に褶曲しており、シベリア鉄道がこの険しい地層構造の中に苦労して建設された姿を観察することができる。

バイカル湖周辺の林相は標高、年間降水量・積雪深により異なっており、湖岸（海抜460m）から高くなるにつれ、ハイマツと広葉樹林帯、マツ林（バイカル湖湖面より170～450m）、シベリアマツ林（450～600m）、モミ林（600～800m）、モミ・カンバ林（800～1,000m）、高山性草原・灌木（1,000～1,200m）が分布している[12)]。湖の東西で森林環境が異なり、東岸はほとんど岸辺まで森林におおわれ、西岸は草地（ステップ）や砂礫地が多い。また、バイカル湖周辺域における景観には氷期から間氷期への生物群集の時間的変化（遷移）を見ることができる。

バイカル湖の周辺域は四季によりその姿を変化させる。早春から夏にかけて、バイカル湖周辺域の高原には芽吹いた草や花が咲き乱れ、人々の目を楽しませてくれる。この季節には、人々の戸外での活動も活発になり、ハイキングやバーベキューを楽しんでいる人々の姿をよく見かけるようになる。秋には様々に色彩が織りなす紅葉の美しさは格別で、この時期にはバイカル湖を訪れる観光客も多い。一方、冬のバイカル湖の自然環境は大変厳しいが、私にとっては凛とした自然の姿が魅力的である。冬季の気温は通常－20℃前後であるが、－30℃を超えることもしばしばあり、最低気温として－50℃が記録されている。このような厳寒の地では、毛皮のコートや帽子が必需品である。

冬季、私がバイカル湖を訪れ、フィールド調査の作業をする際には、バイカルアザラシの毛皮で作られた帽子を愛用し、自らの頭を寒さから守ることにした。この時期のフィールド調査は大変厳しく、凍っている甲板で足を滑らして湖水に落ちたらほとんど命の保証は無いことから、私たち研究者は船上では細心の注意を払って作業をしてきた。

私たちは、バイカル湖に生活している代表的な生物の生活内容を知るために、1992年12月、旧ソ連邦科学アカデミー湖沼学研究所所属の調査船ベレシャーギン号を利用してトロール操業を行い、研究に必要なチョウザメ、オームリ（コクチマスの1種）、ヨコエビ類などの標本を収集し、バイカル湖の生態系の概要を把握することに努めた（図4）。その際には、厳寒な自然環境の中で厳しい作業であったが、調査船のクルーのメンバーやロシアの研究者との密接で友好的な協力関係のもとで、有益な情報や生物試料を

図４　調査船ベルシャーギン号（左上）と冬季のトロール調査（左下）。トロールで捕獲された漁獲物（チョウザメ、オームル、ヨコエビ）（右下）、拡大したヨコエビ（右上）。

採集することができた。

バイカル湖の生態系を把握するには、バイカル湖の生態系の頂点に位置しているバイカルアザラシの行動を詳細に調査する必要がある。これまでは胃や腸に残存している動物の遺骸を解析して「食う―食われる」の関係を明らかにしてきたが、その解析では捕食した生物による消化速度の違いや、過去の捕食の歴史を知ることができない。そこで、生態系の位置関係を明確するために安定同位体比を用いた解析も平行して進めた。また、生きた個体に計測器を装着する最先端のバイオロギング手法を用いて、バイカルアザラシの潜水行動の特徴についても調査を行った。これによってバイカルアザラシが直接捕食している餌生物をセンサー付きの小型カメラを用いて記録するだけでなく、加速度計測器を用いてアザラシの採餌の頻度、姿勢、後肢の動きなどを記録することが可能になり、バイカルアザラシの採餌戦略をより明確に把握することができるようになった。

また、バイカルアザラシの進化・系統を明らかにするために、これまで頭骨などの形態的特徴や寄生虫などの情報を用いて類縁関係を明らかにしてきたが、ここではミトコンドリアDNAを用いた分子生物学的手法を用いて類縁関係をより明確にするとともに、分岐年代を推定することが可能になり、近縁のカスピカイアザラシやワモンアザラシとの類縁関係をより明確に推定することができるようになった。

バイカルアザラシの生息しているバイカル湖はシベリアに位置し、自然環境に恵まれ透明度の高い湖であるが、人間の生産活動により、ほかの野生生物と同様にその生存が脅かされるようになった。1966年にバイカル湖南部にパルプ・製紙工場プラント（BPPP: Baikalsk Pulp and Paper）が建設され、その廃液による環境汚染が指摘されるようになった[13)]。

1987〜1988年に起きた約8,000頭のバイカルアザラシが死亡するという大量死の理由として、その環境悪化がアザラシの免疫力を低下させ、それが引き金になってバイカルアザラシがジステンパーウイルスに感染したのではないかと推測され、環境保全による生態系の保護の必要性が指摘されるようになった。実際、愛媛大学の田辺信介教授のチームが実施した環境調査によると、バイカル湖周辺域で使用されている殺虫剤や農薬などが、300を超える周辺の河川を通じてバイカル湖に注ぎ込まれていることが明らかになった。しかも、世界一深いこの湖の流出河川はアンガラ川ひとつで、水の交換率が極めて低く、単純に計算するとすべての水が入れ替わるのに約400年を要することになる。そのためバイカル湖では、産業廃液や殺虫剤・農薬などの有害化学物質に一度汚染されてしまうと、もとのきれいな状態に回復するには長時間を要することが予想される。

私たちは調査ならびに研究活動を通じて、「バイカル湖を守りバイカルアザラシを守ること」が「人間の命を守ること」に繋がっていることを深く認識するようになった。そこで日本とロシアの研究者は、自分たちの研究成果を学術論文として公表するだけでなく、得られた科学的知見を社会に広く公表して、市民など様々な階層の人々との協力のもとに、バイカル湖の環境保全や生態系の保護に積極的に取り組む社会システムの構築を目指すことになった。このバイカル湖の環境保全に関する国際共同研究の成果の一部は、Miyazaki（2012）[1)] と森野・宮崎（1994）[4)] で紹介されているので、参考にしていただきたい。

バイカル湖南部の湖畔の街リストビアンカには「バイカル博物館」がある。1992年5月に私たち日本のチームは初めてロシアの研究者とバイカルアザラシの調査を開始した。その際、この博物館を訪れてバイカル湖に関する地政学的な情報を入手するとともに、バイカル湖生態系に関する情報や環境保全に関する課題を事前に把握することに努めた。この博物館には、バイカル湖の地質学的特徴や、バイカル湖および周辺域に生息している動物や植物が展示されており、バイカル湖全体を理解する上で大変有効な情報を入手することができた。

特に、バイカルアザラシについては、成熟個体、未成熟個体、出生直後の個体であるパップの剥製、ならびにホルマリン漬けの胎児の標本が展示されていた（図5）。さらに、バイカルアザラシの主要な餌生物であるカジカ類やヨコエビ類の標本も展示されており、調査を進めるに当たっての必要な情報を得ることができた。また、バイカル湖の水質の浄化作用に貢献している淡水海綿に関する展示もあり、これを通じて私たちは水中に潜ることなく海綿の形態や

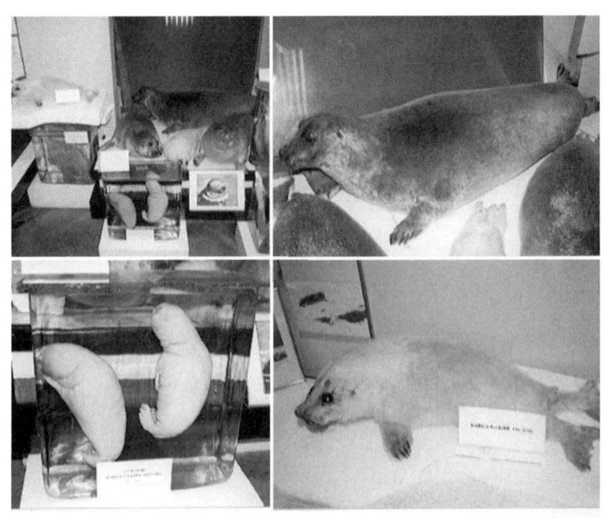

図5　バイカル博物館に展示されているバイカルアザラシの標本。全体（左上）、剥製（右上）、胎児の液漬標本（左下）。出生後の子供（パップ）の体色は白（右下）。

その特徴を知ることができた。

館内の展示を見て必要な情報を入手した後に、所長のフィアルコフ博士に面会し、私たちの共同研究の実施内容を説明し、研究協力を依頼した。その際に彼は、バイカル湖を地元の人々や子供達に、さらにはバイカル湖を訪れる観光客にも湖をよく知ってもらうために、博物館を改修してこのバイカル博物館の展示を一層充実させたいという夢を熱く語ってくれた。近年、彼からこの博物館の展示がリニューアルされたとの報告を受けている。読者の皆様が「自然の進化の博物館」と言われるバイカル湖を訪れる際には、是非、リストビアンカにあるこのバイカル博物館を訪ねることをお勧めする。

3．アザラシとは

本書で紹介するアザラシとはどのような動物であるのか、ここで簡単に解説しておく。アザラシは分類学的には、食肉目のアザラシ科（10属19種）に属している動物で、アシカ科（7属14種）やセイウチ科（1属1種）の動物と同じ鰭脚（ききゃく）類（鰭脚上科）である[14]。最近の分子生物学的解析によると、鰭脚類は単系統であり、アザラシ科の動物はクマ上科の動物よりはイタチ上科の動物に近縁である説が支持されるようになった[15]。この鰭脚類に属する種類は、いずれも鰭状の前肢と後肢を持っているので、「鰭脚類」という名が付けられている。

この鰭脚類の中では、アザラシは耳介が無く、後肢は後方に伸びているため、後肢での歩行はできず、身体を縮めたり伸ばしたりして匍匐（ほふく）前進のようにして身体を前方に移動させる行動が特徴である。近縁の仲間のアシカやセイウチのように、耳介があり、後肢が足首のところから前方に向いて後肢を使って陸上を移動することができる動物とは異なることから、これらの形態的特徴がアザラシ科をアシカ科やセイウチ科と区別する重要な形質として認識されている。したがって、アザラシ類は陸上や氷上を移動する際にはいわゆる匍匐前進をすることになり、アシカ類やセイウチ類に比較して陸上や氷上での移動能力が低い。

アザラシは主に魚類、イカ類、甲殻類などを捕食して生活に必要なエネルギーを獲得している。なかには、ヒョウアザラシのように時々アザラシの子供やペンギンなどを攻撃することが知られている種類もある。アザラシの歯の数や形は種類により多少異なっているが、一般的には、上下顎の歯の構成は上顎の門歯は1～3本、下顎の門歯は1～2本、犬歯は上下顎それぞれ1本、頬歯は上顎5～6本と下顎5本で、全体では28～36本である。なかでも南極海に生息し、オキアミ類を主食としているカニクイアザラシでは、歯の形態が特化している。後方の4～5個の歯では歯の先端部分が尖っている歯尖頭があり、そのうちの主な尖頭は大きく先が曲がっており、オキアミ類の捕食に有利な形態になっている。

約45億年前に生まれた地球の歴史を振り返ると、約35億年前に生命が誕生し、約4億年前のカンブリア爆発で生まれた原始的な脊椎動物である魚類から様々な種類が出現し、その後、脊椎動物は両棲類、爬虫類を経て哺乳類に進化してきた。松井ら[16)]は恐竜と隕石の関係に関するこれまでの論文をレビューして、約6,500万年前に起きた超巨大隕石（直径：約

10km）がユカタン半島の付近に秒速20～30kmで衝突し、直径180kmほどのクレーターを作り、その際に起きた様々な地球規模の環境変化の影響で約2億年の間地球上を支配していた恐竜類は絶滅したのではないかと推測している。ただ、隕石の衝突によって地球規模の環境がどのように変化してきたか不明であったが、近年実施した宇宙速度（秒速10km以上）での衝突蒸発・ガス分析実験によると[17]、隕石の衝突で生じた物質が大気中に放出され、水蒸気と結合して酸性雨になって降り注ぎ、海洋に深刻な酸性化を引き起こし、恐竜を含めた生物に多大な影響を与えたのではないかと考えられている。

恐竜絶滅後、それまで陸で細々と生活していた小型の原始哺乳類から哺乳類が爆発的に増加し、様々な環境に適応してきたことが知られている。哺乳類の中では、コウモリのように空間を利用する動物が出現しただけでなく、陸に上がった哺乳類のうち再び海に戻って生活するようになった動物も出現してきた。その代表的な動物はクジラ類（ハクジラ類とヒゲクジラ類）や海牛類（ジュゴン類とマナティー類）で、彼らは完全に海洋に適応し、一生を海や河川で過ごすことが知られている。一方、アザラシが属する鰭脚類は生活の大部分を水中で過ごすのであるが、繁殖期には陸上や氷上で過ごしており、陸から海の生活に移行する過程にある大変ユニークな哺乳動物として知られている。

アザラシ類は世界の海に生息しており、北極海（ワモンアザラシ、アゴヒゲアザラシ、ズキンアザラシ、タテゴトアザラシなど）や南極海（ウエッデルアザラシ、カニクイアザラシ、ヒョウアザラシ、ロスアザラシ）の高緯度寒冷海域はもとより、南北半球の低～中緯度海域（ゾウアザラシやモンクアザラシなど）、バイカル湖（バイカルアザラシ）やカスピ海（カスピカイアザラシ）のような大陸の内部に形成される水域（内水域）にも生息している[18)]。特に、バイカルアザラシ、カスピカイアザラシ、ワモンアザラシは頭骨などの形態が類似しているだけでなく、氷上に形成されたシェルター内で出産し、子供を育てるといった共通の繁殖生態を示すことから、これら3種を*Phoca*属*Pusa*亜属に含める研究者[19)]と*Pusa*属を独立させ、それに含める研究者がいる。本書では、前者の説に従い*Pusa*亜属にこれら3種を含めて記述した。

4．バイカルアザラシの形態

ロシアでは、人々がバイカルアザラシを「nerpa」、「tylenne」、「kuma」、「khap」などといった呼び名で呼んでいる。また、成長にともなって、新生児を「belek」、２歳の個体を「chernysh」、年老いたオスを「argal」の呼び名で区別しており、この動物に対する人々の関心の深さを示している。以下にこのバイカルアザラシの形態や生態の特徴を簡潔に紹介する。

（１）体の特徴

私たちはバイカルアザラシを調査する際には、最初にアザラシの体全体を観察し、外傷はないか、ウイルス感染症などによる病変はないかなどを詳細に調査する。写真撮影後、大切な部位についてはスケッチなどをして特徴を記述し、外部形態や体重を測定する（図6）。また、成熟した個体については、雌雄の特徴の有無を記録する。

アザラシの外形をみると、体の胸部に前肢に相当する胸鰭が左右に一対あり、水中では体のバランスを保つために使用されている。体の後端付近に鰭状の後肢が左右一対存在し、これらを左右に動かすことによりアザラシは前方への推進力を得ている。氷上では、母親と子供のアザラシが胸鰭を互いに接触させて、コミュニケーションを図っているシーンが観察されている。

アザラシをひっくり返して腹部を観察すると、中央部に臍が存在し、体の後方に肛門が存在する。メスの場合には、その肛門の直ぐ前に生殖孔があり、生殖孔の前方左右に乳溝があり、その中にそれぞれひとつの乳首が存在する。授乳期にはこの乳首が張り出してきて子供のアザラシが母親から母乳を飲むことができる。オスの場合は、臍と肛門のほぼ中間に生殖孔があり、発情するとペニスがこの生殖孔か

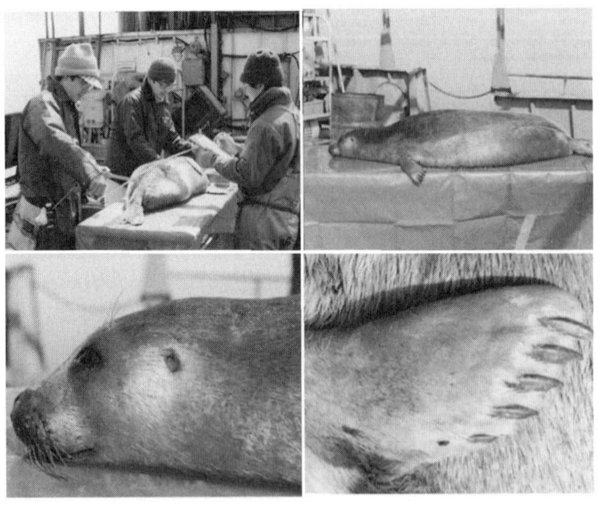

図 6　調査の様子（左上）、解剖前のバイカルアザラシ（右上）、バイカルアザラシの頭部（吻部と髭に注目）（左下）、バイカルアザラシの右前肢と爪（右下）。

ら飛び出してくる。アザラシのペニスには骨（ペニスボーン）があり、繁殖時には機能的な役割を果たす。このペニスボーンのサイズは成長とともに大きくなり、性的成熟に達するとしっかりとしてくる。バイカルアザラシは、ゾウアザラシやオタリアのように、雌雄のサイズや形態にはっきりした第二次性徴が認められない。

バイカルアザラシの顔を観察すると、吻がとがっており、ネコによく似た形をしている（図6）。氷上で休んでいるアザラシの体色は個体により多少異なっており、「茶色」か「焦げ茶色」に近いが、水族館で飼育されている水中の個体は黒色に近い。このような体色の違いは、氷上では体毛の乾燥状態により色が変化し、水中では体毛間に存在する水の屈折率の関係で黒っぽくみえるのかも知れない。バイカルアザラシの体毛は、近縁のカスピカイアザラシやワモンアザラシのように斑紋がないのが特徴である。

バイカルアザラシの子供は白色の体毛で産まれ、4～6週間はそのままである。この間、子供は母親から乳を飲んで成長に必要なエネルギーを蓄積する。白色の体毛は、氷上で敵から襲撃されないように保護色の役割を果たしていると考えられている。生後1.5～2ヶ月で、毛は生えかわり（換毛）、シルバーグレイになり、2歳頃には腹部は淡い黄色状になる。

成体の換毛の時期は個体により異なるが、通常は5月頃から約2週間にわたって換毛を開始し、完成には7月までかかる。この間、アザラシは長時間（20〜30日）にわたって氷上で過ごす[20]。

読者の皆さんのなかには自宅で飼っている犬の毛が突然生え替わる現象を観察した経験を持っている方がいると思うが、換毛現象の生理的理由については不明な点が多い。バイカルアザラシの換毛の理由としては、ひとつには日光浴が換毛のきっかけを与えているかもしれないと考えている研究者がいる。また別の理由として、毛が生えかわった個体は生えかわらない個体に比較してより長いあいだ氷上にいることが観察されていることから、体温調整に関係しているのではないかと考えている研究者もいる。

体色や体形のほかに、バイカルアザラシは爪と髭に特徴がある（図6）。特に、前肢の爪の先は鋭く尖っており、断面をみると三角形に近い形をしている。この鋭い爪は、冬季、アザラシが呼吸のために氷に穴（呼吸孔）をあける際に非常に役に立つ。黒っぽく見える爪を間近に見ると濃淡の縞があることに気づく。この濃淡の縞の模様を年齢形質に用いる研究者もいるが、爪の先端は日常的な行動で摩耗する場合が多いので、推定した年齢は過小推定になる可能性がある。

そこで、一般的には、犬歯のセメント質や象牙質の縞数から年齢を推定する方法が使用されている。歯の先端部は堅いエナメル質で覆われているので、折れたり欠けたりする破損が無い場合には大変安定した年齢形質として考えられる。しかし、象牙質を用いた場合には、象牙質は歯の内部方向に蓄積するために高年齢になると歯の神経が分布している歯髄腔が狭くなり、年齢査定の精度が低下する傾向がある。その際には、歯の象牙質の外側に蓄積するセメント質に形成される縞数を用いて年齢査定を行う。

野生動物の年齢を知ることは、成長や繁殖の状態を理解するのに有効であるだけでなく、再生産率や死亡率を推定する際にも有効であることから、バイカルアザラシの個体数動態を理解し、資源管理をする上で、極めて重要な要素である。

バイカルアザラシの口髭は多く45～55本ある。この口髭は、遊泳している魚から発せられる水圧を感知しているのではないかと考えられている。左右の目の上部にも長い毛が生えている。これらの髭はアザラシが緊張した時にはピンと張るので、アザラシの精神状態を推測するには有効である。

（2）頭骨の特徴

バイカルアザラシの頭骨は骨が薄く、頬骨突起幅

（通常、頭骨の最大幅を示す）は広く、頭骨の最大幅は頭骨長の半分を超える特徴がある（図7）。また、上下顎の前臼歯と臼歯は一列にそろい歯冠が櫛状なので、魚を捕獲するには適した形態をしている（図7）。そこで、これらの特徴を明確にするために、頭部を詳細に解剖して調査した[21, 22]。それによると、眼球が収まる眼窩腔は広く、左右の眼窩腔で挟まれた骨の幅は非常に狭い。また、頬骨突起が背部—腹部方向に良く発達しており、大きな眼球を収めるのに適している。このように、バイカルアザラシの頭骨は、大きな眼球を収めるのに適した構造を示している。また、世界で最初に撮影した頭部のCT画像では、頭骨、筋肉、脂肪、脳、神経孔などの三次元的位置関係について、組織を破壊することなく大変貴重な情報を得ることができた[23]。その結果、大きな眼球を支える骨と筋肉と神経の相互関係がより明瞭になった。

このようにバイカルアザラシはほかの海のアザラシに比較して眼球が大きく、それを収める眼窩腔が広い特徴がある。では、なぜバイカルアザラシが大きな眼球を持つようになったのか、その理由を考えてみたい。本当の理由は残念ながら不明であるが、幾つかの推論は可能である。第一は、バイカルアザラシが氷の中につくった呼吸孔を水中で探すため。第二は、冬季の水色は暗いので、その環境に適応するため。第三は、バイカルアザラシは光量の少ない深い場所で生活をするため[24]。このほかには、透明度の高いバイカル湖で動きのある餌生物を探すのに

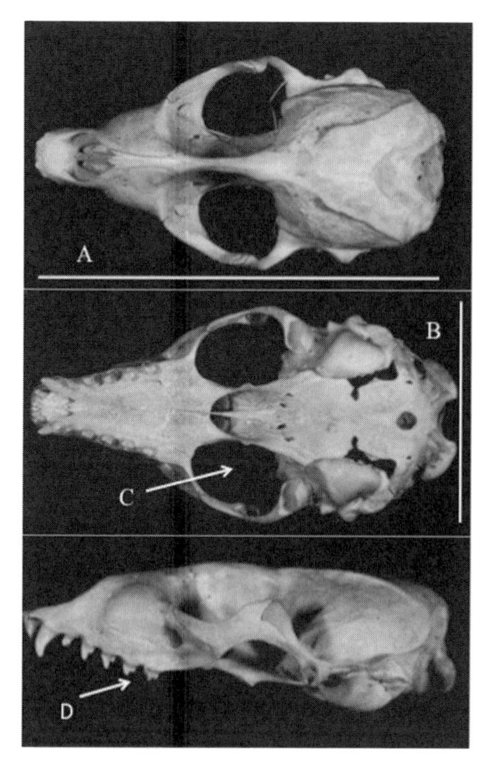

図７　バイカルアザラシの頭骨（上：背面、中：腹面、下：側面）。上顎歯の形態に注目。
（国立科学博物館標本番号：No.30040, 体長：122cm、頭骨長：185mm、年齢：21.5歳。A: 頭骨長、B: 頬骨突起幅、C: 眼窩腔、D: 櫛状歯冠）

有利なように進化した結果ではないかと考えている研究者もいる。いずれにしても、長い進化の過程で、眼の機能が高まり、眼球が大きくなったために、眼球が収まる眼窩腔やその周辺部分が広くなったのではないだろうかと考えられている。

5．バイカルアザラシの生態

（1）季節に見られる行動の特徴

冬季、バイカル湖は平均80～90cm（最大2m）の氷に覆われる。この厳寒のシベリアの冬、バイカルアザラシはどのような生活をしているのであろうか。冬季、湖は全面に結氷するために、バイカルアザラシは呼吸のために氷に穴（呼吸孔）をあけ、氷上では身を隠すのに適した氷に覆われたシェルターを確保して、生活している（図8）。子連れのメスは通常1頭の子供と一緒に行動しているが、それ以外のメスの個体、未成熟個体、成熟オスは単独で行動している。未成熟個体は通常ひとつの呼吸孔を利用するが、母親と子供は主要な呼吸孔のほかに5～7個の補助的な呼吸孔、成熟オスは主要な呼吸孔のほかに約10個の補助的な呼吸孔を利用しているようである。なぜ、このように複数の呼吸孔を保持しているのか、その理由は不明であるが、ふたつのことが考えられる。第一は、天敵からの逃避のために形成されたのではないだろうか。第二は、厳しい自然環境の下で呼吸孔がふさがってしまう可能性があるので、それを回避するためということである。

ところで、近縁な北極海のワモンアザラシはバイカルアザラシと同様に、冬季、複数の呼吸孔を利用しており、ホッキョクグマのような敵から身を守るには有効であることが確かめられている[25]。しかし、バイカル湖にはワモンアザラシの天敵であるホッキ

図８ バイカルアザラシに近縁なワモンアザラシの子供とシェルター[25]。

ヨクグマのような生物が生息していないため、複数の呼吸孔の形成理由としては、後者のアザラシの厳しい自然環境への適応の結果、生み出されたものかもしれない。あるいは、複数の呼吸孔の形成というこの生態的特性はバイカルアザラシ、カスピカイアザラシ、ワモンアザラシに共通に見られることから、進化の長い過程の中で保持され続けてきた特性かもしれない。いずれにしても、バイカルアザラシにはまだまだ未解決の謎が残されている。

バイカルアザラシの行動については、ロシアの研究者であるパスツコフ博士らによって長年調査され、数多くの知見が蓄積されているので、ここでは彼らの研究成果をまとめて次に簡潔に記述することにした[26-29]。早春、バイカルアザラシの妊娠メスは呼吸孔近くの氷で形成されたシェルター内で出産し、子供を母乳で育てる。この期間、母親は子供と音を利用して互いにコミュニケーションをしているようで、氷上で子供のアザラシが鳴きながら母親を捜している映像が撮影されている。バイカルアザラシは4月初旬に大きな集団をつくる。1～3歳の個体が氷上に集団をつくり、その後に成熟オスが加わる。その年に生まれた子供は4月の半ばにこの集団に加わり、その後にその年に子供を産まなかったメスが加わり、最後にその年に出産したメスが加わる。5月に氷が融けるにしたがってアザラシは北へ移動するようになる。

夏季には、アザラシは湖の南東部の沿岸に集まり、岸近くの岩場や沖合の岩場に上陸する。バイカルアザラシは警戒心が強い動物なので、岩場に集まるアザラシの姿を撮影するのは難しいのであるが、最近、国立極地研究所の渡辺佑基博士はロシアの研究者と協力して、岩場に上陸しているバイカルアザラシの写真の撮影に成功した。これらの写真を渡辺博士のご好意を得て本書の表紙に掲載した。

冬に近づくにつれ、氷は湖の東側の浅い湾で最初に形成され、その後湖全体で形成されるようになる。氷が湖全体に広がるにしたがって、バイカルアザラシも氷に乗って広く分散するようである。

（2）成長と繁殖

成長や繁殖についてもパスツコフ博士らの多くの調査結果が報告されているので、整理して以下に記述する[26), 27), 30-33)]。バイカルアザラシの約88%の成熟メスは毎年春に子供を産み、出産は2月半ばから3月にかけて氷上で行われる。出産時の性比はメスが55%を占めるが、双子が生まれる割合は比較的高く、総出産数の4%を示す。通常、双子の子供は1頭で生まれた子供よりも小さく、離乳後もしばしば氷上に一緒に留まっている。成熟オスは、母親が子供を離乳させる時期を待って交尾するようである。交尾は水中でおこなわれていると考えられているが、未だ実証されていない。妊娠期間は約9ヶ月で、出生時の子供の体重は1.5〜4.5kg、体長は約70cmに達する。出生後、子供のアザラシの体重の増加は著しく、1.0kg/日の高い成長率を示す。この急速な成長は母親から与えられる高栄養分を含む母乳によるものと考えられる。授乳期間は通常1.5〜2ヶ月であるが、まれに3ヶ月以上もの間母乳を飲み続けている個体もいる。

ロシアの研究者によると[20), 33)]、バイカルアザラシの成体の体長は110〜142cmで、最大体長は165cmが記録されている。また、体重は50〜130kgと幅が広い。体重の範囲が広いのは、アザラシが蓄積している脂肪量の季節にともなう変動によるところが大きい。

ところで、私たち日本の研究チームが1992年5〜6月にバイカル湖でロシアの研究者と一緒にアザラシを調査していた際、ロシア側の調査員は、船上に引き上げられたバイカルアザラシの体長を体の背部の曲線に沿って計測していた。国際基準としては、体長は体軸に平行に吻の先端から尾の後端までの直線距離で計測する方法が用いられているので、フィールドで一緒に調査していたロシアの研究者に、ロシアではこれまでバイカルアザラシの体長を計測する際に体の曲線に沿った計測法を用いているのか否か尋ねてみた。その結果、答えは昔からこの測定法を用いているとのことであった。とすれば、ロシアの研究者がこれまで報告していた体長の値は多少大きめに記録されていたことになる。過去に取得したロシア側のデータを使用して生物解析をする際には、この状況を理解した上で解析する必要があることを肝に命じた。

パスツコフ博士によると[34]、メスは4歳で性的成熟に達するようになり、6歳でほとんどの個体が性的に成熟する。一方、オスは7歳でほとんどの個体が性的に成熟する。20歳以上の個体は捕獲個体の約10%を占める。犬歯による年齢査定によって、最高年齢はメスで56歳、オスで52歳が報告されている[35]。メスは30歳まで繁殖活動をするようである。出産は、北部では52%、中部では31%、南部では17%で、北・中部で生まれる割合が高いようであるが、その理由はいまだわかっていない。

（3）年齢査定

ところで、野生動物の年齢を正確に知ることにより、動物の成長率、繁殖率、死亡率などの生物学的特性値を得ることができ、動物の個体数変動の把握や資源管理をする上で大変有効である。しかし、実際には野生動物の年齢を推定することはそう簡単ではない。読者の皆様は人間の場合には年齢査定はそれほど問題ではないと考えているかもしれないが、それは誤りで、実は大変難しい。たとえば、よく新聞で殺人事件が報道されているが、身元が不明の場合には、殺された人の年齢は推定年齢として報道されている。もちろん、人間の場合は身元が分かると住民票や戸籍抄本などに記載されている情報をもとに真の年齢が分かる。しかし、身元不明の場合には正確な年齢を推定する有効な方法としては、指骨間に見られる化骨現象（指骨間の軟骨が化骨する状態）や頭骨の縫合線の癒合状態などを用いて行われているが、死亡時に年齢を査定するには時間がかかるし、その精度はそれほど高くない。

では、クジラ類や鰭脚類のような野生動物の年齢はどのように推定されるのであろうか。これまで、年齢形質として、ハクジラ類やアザラシ類では歯、下顎、耳骨、脊椎骨、ヒゲクジラ類ではヒゲ板、耳垢線、眼球の色などの多くの部位が検討されてきた。なかでも、イルカの年齢査定の形質として歯が大変有効であることが指摘されるようになった。私の恩師の東京大学海洋研究所の故西脇昌治教授は、今上天皇の侍従長を務められた八木貞二氏と協力して、江ノ島水族館で飼育されているイルカに酢酸鉛を注入して、それがイルカの歯の成長層の縞に蓄積するパターンを解析して、イルカの年齢査定法を世界に先駆けて開発してきた。その後、当時、西脇研究室の助手として世界的に活躍された粕谷俊雄博士がさらに歯による年齢査定法を改良して、イルカを含むハクジラ類にも応用できる手法が確立した。幸い、西脇研究室の大学院生であった私は、粕谷博士からマンツーマンで年齢査定法を教えていただき、様々な動物に応用することができた。

ロシアの研究者はバイカルアザラシの年齢を査定するには、これまで爪や犬歯に見られる成長層の縞数を用いてきた。年齢査定の精度は、査定する部位(爪や犬歯)、査定標本の質、査定する研究者の経験や能力により異なることが知られていることから、年齢のデータを扱う時にはその状況をよく理解して対応する必要がある。

実際、海棲哺乳動物の生活史研究や資源管理研究では、野生動物の正確な年齢査定が必要なので、1978年に米国のラホヤで「海棲哺乳動物の年齢査定に関する国際会議（Age Determination of Toothed Whales and Sirenians)」が開催され、国際的な基準が検討された。この会議には、私もイルカの年齢査定に関する若手研究者として招聘された。会議では、同じ個体の歯をどのように処理すれば精度の高い年齢査定ができるか、同じ標本を用いて年齢査定する際には経験者と未経験者の間でどのようなバラツキがあるのか、同じ研究者が同じ標本を用いて年齢査定した時にどのようなバラツキがあるのかなどの議論がなされ、その上で国際的な基準が検討された。この会議は、日本の研究者がこれまで開発した年齢査定方法が国際的に認められ、しかもこの日本の手法がイルカだけでなく、アザラシやジュゴンの年齢査定にも有効であることが認められたエポックメイキングな会議であった。

この会議には、ロシアから年齢査定の権威であるクレベザール博士が出席されており、一緒に情報や意見交換したことが思い出される。この博士はロシア語で海棲哺乳動物の年齢査定に関する本を出版し、ロシアの海棲哺乳動物の研究に大きな足跡を残した。この本を通じて、多くのロシアの研究者は彼女が提示している手法にしたがって年齢査定をするようになったと伺っている。実際にこの手法を用いるには、歯の切片・研磨用の機器、歯を処理する薬品などの準備、年齢査定する豊富な経験をもつ研究者の存在が不可欠であるが、私が訪問したイルクーツクの湖沼学研究所にはこれらが十分に整っているようには思えなかった。それにもかかわらず、バイカルアザラシの調査中に、ロシアの研究者から査定された年齢情報がすぐに提示されたのには大変驚かされた。おそらく担当者による経験則にしたがって、バイカルアザラシの年齢を推定していたのではないであろうか。

ロシアの研究者の年齢査定に疑問を持った私たちは、調査したバイカルアザラシの年齢査定を丁寧に行うために犬歯を日本に持ち帰り、年齢査定法の国際基準を参考にして犬歯を処理し、精度が高い方法で年齢を推定することにした[36]。その方法は、犬歯の中心部を縦に切断し、その切断面を良く磨いて塩

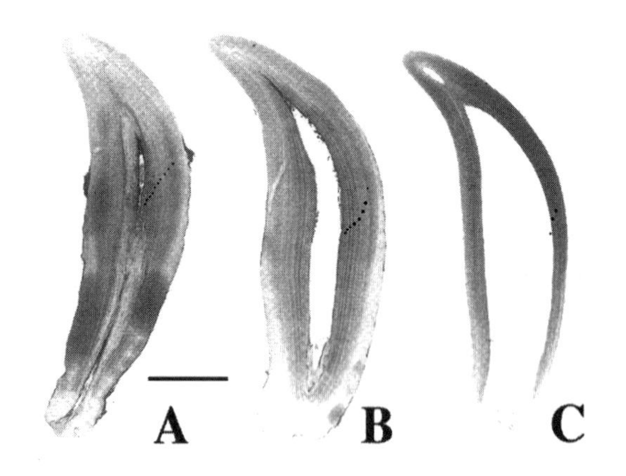

図９　バイカルアザラシ犬歯の象牙質にみられる成長層（A: 19.5歳, B:15.5歳, C:2.0歳）[37]。犬歯切片は脱灰・染色法で作成。バーは5mm。成長縞層を・で示す。A歯の歯髄腔付近に第二次象牙質が形成されている。

化ビニールの板上に貼り付け、残りの面を厚さ約30～50マイクロメートルまで研磨し、蟻酸で脱灰した後、ヘマトキシリンで染色する方法で（図9）[37]、染色後、象牙質とセメント質の成長層の縞数を計数した。象牙質の成長層は若い時期は大変計数しやすいのであるが、20歳を越える高年齢になると歯髄腔（歯の神経が存在している部分）が狭くなるとともに第二次象牙質（osteodentine）が形成されるので、読み取りの精度が低くなる。一方、セメント質は歯茎に向かって外側に蓄積されるので高年齢でも精度は変わらない（図10）[37]。したがって、高年齢個体の場合には、両者の縞数を計測・比較し、縞数の多い方を採用して年齢を推定した。私たちが1992年5月14日から6月1日の限られた期間に調査した73個体（メス38個体、オス35個体）では、メスは0.25～24.5歳、オスは0.5

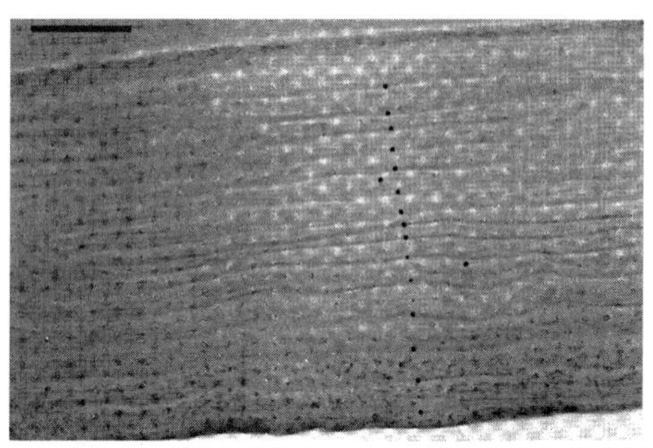

図10　バイカルアザラシ犬歯のセメント質にみられる成長層[37]。成長縞層を・で示す。黒バーは0.2mm。

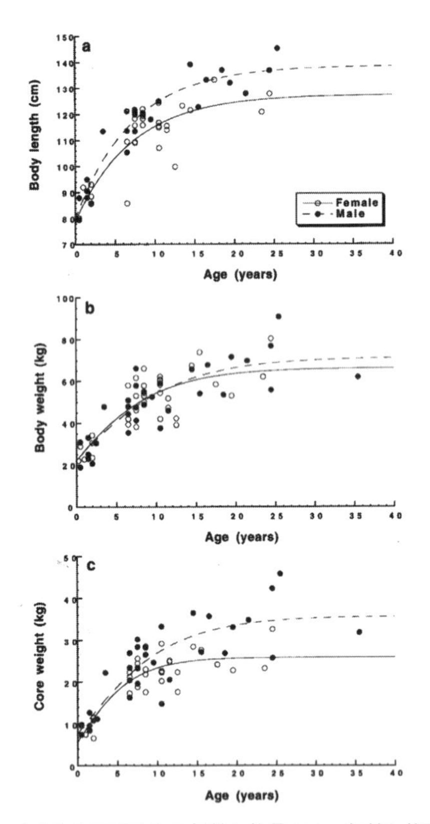

図11　バイカルアザラシの年齢と体長（上）、年齢と体重（中）、および年齢と脂肪を除いた体重（下）の関係[37]。Bertalanffy 関係式を以下に示した。

メス：$BL=127.3\ (1-0.381exp^{-0.141t})$(r=0.870), $BW=66.2(1-0.306exp^{-0.156t})^{3}$ (r=0.802), $CW=25.8(1-0.397exp^{-0.248t})^{3}$ (r=0.852)。
オス：$BL=138.5(1-0.423exp^{-0.140t})$(r=0.953), $BW=71.6(1-0.323exp^{-0.128t})^{3}$ (r=0.852), $CW=35.7(1-0.402exp^{-0.150t})^{3}$ (r=0.870),【BL: 体長(cm)、BW: 体重（kg)、CW: 脂肪を除いた体重(kg)】。

〜35.5歳で、メスの割合は52.9％であった。

私たちが実施した精度の高い年齢査定によって、バイカルアザラシの年齢と体長、年齢と体重、年齢と脂肪を除いた体重の関係が明らかになった（図11）[37]。年齢と体長（吻端から尾の先端までの距離）の関係は、オスの体長がメスよりも一回り大きく、20歳以降は共に成長が停止する。年齢と体重の関係では、体重はオスとメスの間では有意な差は認められなかった

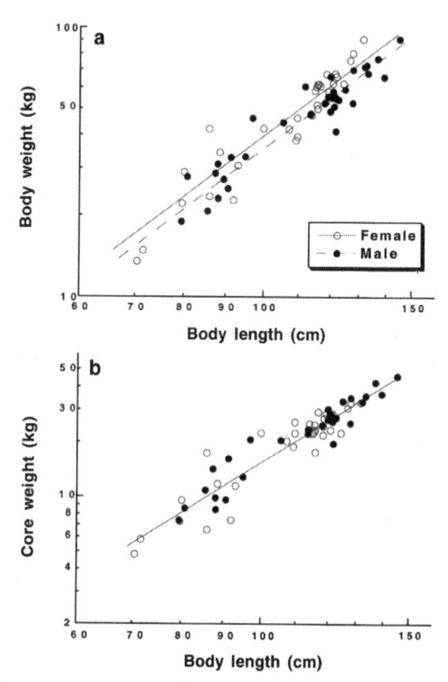

図12　バイカルアザラシの体長と体重（上）、および体長と脂肪を除いた体重（下）の関係[37]。

が、脂肪を除いた体重（Core weight）ではオスがメスよりも重いことが明らかになった（図12）[37]。このことは、脂肪の重さはメスの方がオスよりも重いことを示している。

また、この新しい年齢査定方法で得られた年齢組成をみると、3歳以下の若い個体が7～11歳の個体に比較して少なく、特に、4～5歳の個体がまったく含まれていないことがわかった[37]。1987～1988年にバイカルアザラシはジステンパーウイルスによる感染で大量死しており[38-39]、その時期に生まれた個体の死亡率が高いこと、ならびにメスの繁殖率が低下していたことから、4～5歳に相当する個体が欠落していたことが予想され、上記の年齢組成のデータは私たち研究チームの年齢査定法の精度の高さを示しているものと考えられた。

（4）親子関係とコミュニケーション

バイカルアザラシの個体関係についてはほとんど知られていないが、その中では、親子関係が比較的観察しやすいので、多少知見がある。母親と子供の関係は、出生後から離乳までの2～3ヶ月の間に見られる。この間、人間が子供に近付いた場合には、母親は子供を直接救いにはいかないで、呼吸孔から顔を出し鳴音を発して、氷上にいる子供を呼び戻す行動をとることが観察されている。出生後、子供は出産場の近くにいるのだが、成長にともない出産場から徐々に離れて行動するようになる。このような子供には、母親が連れ戻した時に噛んだと思われる噛み跡が観察されている。成熟オスが繁殖期にメスに近づくために子供を出産場から追い出しているところを観察したという報告もある[29]。このように、バイカルアザラシの個体関係の行動に関する情報は少なく、断片的である。これは、バイカルアザラシが観察しにくい動物であることも影響しているのであろう。

ところで、子供のアザラシがどのように水中での遊泳能力を高めていくのか興味のあるところである。東京大学の佐藤克文教授は、南極海のウェッデルアザラシの母親と子供に潜水記録計を装着して、母親と子供の潜水行動を調査したところ、子供のアザラシが母親アザラシの後を追いかけて同調した潜水行動（同じ呼吸間隔、同じパターンの潜水）をしていることを示し、子供のアザラシは母親から潜水手法を学び、単独で魚などを捕食できるようにまで潜水能力を高めていく過程を明らかにした[40]。バイカルアザラシでも、おそらく子供のアザラシは授乳中少しずつ潜水能力を高め、離乳後、母親を離れて行動するようになっていくのではないかと考えられるが、残念ながらいまだ親子の潜水行動を解明する実証データがない。

バイカルアザラシの個体同士のコミュニケーションはどのように行われているのであろうか。この課題は大変興味深いが、これまでにほとんど研究されていない。上記のように、母親と子供が音を使用して情報伝達しているケースは観察されているが、それはほんの一部の現象である。飼育下では、子供のアザラシは声を出したり、歯と歯を接触させたり、前肢をたたいたりして様々な音を発していることが観察されている。おそらく、自然界でも同様な方法で個体同士が情報伝達をしていることが予想されるが、これまで十分な研究がなされていない。特に、水中での発生音を使用したコミュニケーションの研究は皆無である。

（5）食性

バイカルアザラシを中心としたバイカル湖の生態系を理解するためには、バイカルアザラシの食性を知ることは重要である。ロシアの研究者の報告によると[20), 32), 41-44)]、バイカルアザラシは、湖内に生息している魚類のうちシベリアチョウザメを除いたすべての魚を潜在的に食べることができるが、商品価値の高いオームリはほとんど捕食しない。胃・腸内容物の解析から、バイカルアザラシの餌生物は主に魚類で全体の98%を占め、特にバイカルカジカ、ダイボフスキーカジカ、キイロカジカ、およびヒレナガカジカなどの商業的価値の低い魚である。夏季、バイカルアザラシの胃・腸内容物を調べたところ、17種類の魚の耳石が確認され、数種の無脊椎動物が見出された。そのうち、先に示した魚類の4種類が上位を占めていた。秋季では、餌生物の構成種が夏よりも少なくなり、8種類が胃・腸内からみつかった。冬季では、さらにこの傾向が強まり、4種になった。若いアザラシは成体と同様な種類の小型の魚を食べるが、成体に比較して無脊椎動物を多く食べているようである。

魚類のほか、ヨコエビ類がアザラシの胃内や腸内からみつかる。しかし、バイカルアザラシの主食でもある魚もヨコエビを好み、よく食べていることから、アザラシの胃・腸内でみつかったヨコエビは魚が食べたヨコエビの可能性もある。時々、数百から数千尾のヨコエビがアザラシの胃・腸内から見つかることがあるが、このような場合でも胃・腸内での魚やヨコエビの残存状態や消化速度などを考慮した上でないと、バイカルアザラシがヨコエビを捕食していたと断言できない。1976年9月、アヤヤ湾で捕獲した未成熟のバイカルアザラシ3頭の胃内から、アザラシ1頭あたり300～700gの沖合性ヨコエビだけが発見された[44)]。このケースは、明らかにバイカルアザラシがヨコエビを捕食していたことを示している。したがって、バイカルアザラシも遭遇する機会があればヨコエビを多量に食べる潜在能力があるといえる。1992年5月に私たちが調査したバイカルアザラシの胃内からもバイカル湖の典型的なヨコエビの1種であるマクロヘクトプスが見つかった。

飼育下のバイカルアザラシでは、1回の餌となる魚の量は1kgで、1日の摂餌量は5～6kgである。この摂餌量は体重の約5～10%に相当する。60日間飢餓状態で飼育されたバイカルアザラシは、体重がもとの70%まで減少したことが報告されている。その意味では、バイカルアザラシは環境変化に順応できる幅広い能力をもった動物なのかもしれない。

京都大学の和田英太郎教授のチームは、炭素（$^{13}C/^{12}C$）や窒素（$^{15}N/^{14}N$）の安定同位体比を用いてバイカルアザラシ、魚類、ヨコエビ類の現存量とこれらの生物間における物質・エネルギーの流れの関係の解明に取り組んできた。

安定同位体比について簡単に解説しておくと、自然界の主要な生元素（H, C, N, O, S）にはふたつ以上の分子量が異なる同位体が存在しており、この同位体は拡散・相変化（蒸発・凝固など）・平衡反応・生化学反応において、熱力学的な性質の差によりそれぞれ異なる挙動を示す。たとえば、分子量の軽い同位体は分子量の重い同位体よりも一般に速く反応することから、その比を用いることにより食物連鎖の過程を推定することができる。特に、^{15}Nは食物連鎖の過程で濃縮されること、^{13}Cは食物網の出発生物を推定するのに有効であることが知られている。

そこでこの特性を利用して、バイカル湖の生態系の物質循環の研究を進めることにより、食物連鎖の挙動を把握する研究が実施された。胃・腸内容物の調査では一過性の捕食情報しか得られないが、この手法は生態系の食物網における長期的な食性の傾向を「食う—食われる」の視点から把握するには大変有効である。バイカル湖の生態系における食物網の関係は、植物プランクトン（栄養段階：1）、動物プランクトン（2）、甲殻類のヨコエビ類（2）、魚類のカジカ類（3）、バイカルアザラシ（4）までの栄養段階とδ^{15}N値との間の関係を次の式で示すことができる（図13）[45),46)]。

δ^{15}N（‰）＝3.3（TL-1）＋3.8（δ^{15}N: 窒素の安定同位体比、TL: 栄養段階）。

バイカルアザラシの胃・腸内の内容物の分析では、

魚やヨコエビの未消化個体や魚の耳石などを同定し、計数化してきたが、捕食後から捕獲するまでの時間差や魚やヨコエビなどの胃・腸内での消化速度の差などにより、真の食性を明らかにするには手法的に限界があった。そこで、これまで実施されてきた胃・腸内の内容物の分析結果と安定同位体比の結果を組み合わせて、バイカルアザラシの捕食関係を調べることが重要である。安定同位体比を用いた手法によると、バイカルアザラシの捕食は54%を魚類が、46%をヨコエビ類が占めていることが示唆された[45]。この結果は、腸内の内容物の分析から推定されているバイカルアザラシの餌生物は98%が魚類であると

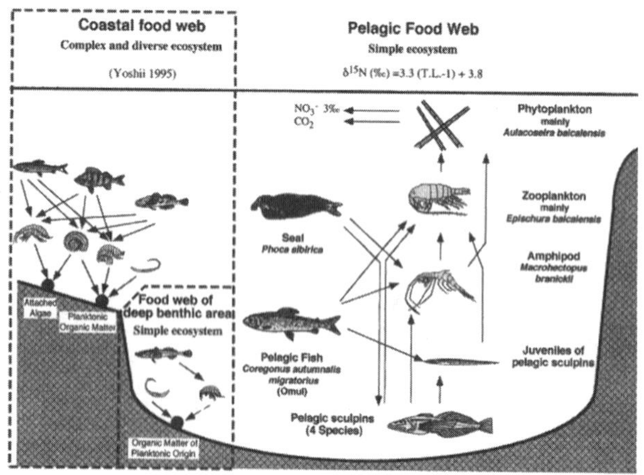

図13 バイカル湖の生態系の模式図[45]。

いうこれまでのロシアの研究報告[41-42]と大きく異なっていた。しかし、後述するように、最新のバイオロギング手法（生物装着型行動環境計測手法）を用いてバイカルアザラシの捕食行動を時系列的に解析したところ、アザラシは、昼間、魚類のカジカ類を主に捕食しており、夜間、ヨコエビ類を主に捕食していることが推察されたことから、安定同位体比の解析結果を支持するような結果が得られた。

バイカルアザラシの食性は、いまだ不明な点が多いことから、今後、胃・腸内容物の解析に加えて、安定同位体比やバイオロギング手法によるダイナミックな解析法を用いることにより、質的に高い情報を得ることができる状況になったことから、今後の展開が注目される。

（6）新しい手法を用いた行動解析

これまでの研究によると[47-48]、バイカルアザラシは交尾後、日光浴や採餌をし、その際に200～500頭の集団をなすことがあるという。氷上や岩場への上陸の頻度は季節や天候により異なる。冬季では13～17時間の間氷上で多くの個体が観察され、夏季では岩場に上がり休んでいる個体数のピークは11時と18時の2回ある。この時間帯以外は、多くのアザラシは水中を泳ぎ回り、盛んに採餌しているようである[38]。

バイカルアザラシの自然条件下での潜水時間は最大43分、飼育下で無理矢理潜水させた時は40〜68分であった。長時間潜水できる能力は、バイカル湖のように深い湖で生活するアザラシにとっては、採餌効率を高める重要な要素である。また、バイカルアザラシはおもに薄明期や夜間に水中に潜り魚類を主体にした採餌をする。カジカ類、特にバイカルカジカとダイボフスキーカジカの2種は、夜間、水深20〜180mの間を上下し、日中は表層に浮上してくる。魚類などの餌生物の日周行動に合わせて、バイカルアザラシも水中で採餌行動をしていることが推察される。これらの情報は重要であるが非常に断片的なので、次には人工衛星と連携したアルゴス発信器によるバイカルアザラシの季節移動や、バイオロギング手法を用いて実施したバイカルアザラシの日周移動や潜水行動の研究成果を紹介する。

米国のスチュワート博士らがロシアの研究者と協力して、バイカルアザラシにアルゴス発信器を装着し、呼吸のために水面に浮上してきたアザラシから発せられる電波を人工衛星で受信し、人工衛星から地上局を通じて得られたアザラシの移動情報を連続的に解析した[49]。この行動調査ではアルゴス発信器を使用し、2次元の水平移動情報と大まかな潜水情報を得ることができた。この機器では、6段階別の潜水深度（水深：10～50m, 50～100m, 100～150m, 150～200m、200～300m, 300m以深）と6段階別の潜水時間（潜水時間：2分未満, 2～6分, 6～10分, 10～20分, 20～40分, 40分以上）をそれぞれ記録することができる。

それによると、調査した4頭のバイカルアザラシは調査期間の9月から5月下旬の間では少なくとも400～1,600kmの距離を移動し、記録した47,728回の潜水のうち、多く（全潜水の40～60%）は2～6分間の潜水で、まれに（0.2～0.9%）40分を超える潜水が記録されていた[49)]。潜水深度は多くは水深10～50mの浅い潜水で、まれに水深300mを越える潜水が記録されていたが、詳細な潜水行動の情報は不十分であった。

また、バイカルアザラシは1年中必ずしも特定の場所で生活しているのではなく、バイカル湖全体を広く利用しているようであった。彼らのデータを見る限り、バイカル湖に生息しているバイカルアザラシは、ワモンアザラシにみられるような幾つかの地域群に分かれて生活しているとは考え難い。餌の豊富な棲みよい場所に定住してもよさそうに思えるのであるが、そうでもないらしい。では、どうしてバイカルアザラシは湖内を広範囲に移動するのであろうか。これまでの断片的な成果から考えると、バイカルアザラシの移動は、餌生物の利用による影響だけではなさそうである。バイカルアザラシの生息分布と氷の関係を調べてみると、氷が融ける5月頃には氷の移動に伴ってアザラシは移動していることから、バイカルアザラシの季節移動は、どちらかと言うと、むしろ氷の状態による影響が大きいようである。これも、バイカル湖という厳しい自然環境下で生きるためのアザラシの適応なのかもしれない。

私たちはバイカルアザラシの詳細な採餌行動や潜水行動を調べるために、米国チームが使用したアルゴス発信器を使用せず、国立極地研究所の内藤靖彦教授とリトルレオナルド社が共同で開発したデータロガー（深度、温度、速度、加速度記録計）とカメラロガー（画像、深度、温度記録計）を用いて、この課題に取り組んだ。国立極地研究所の渡辺佑基博士らは[50-51]日本が独自に開発したバイオロギング・システムを用いて、バイカルアザラシの潜水行動の謎に迫った。ここでは、バイカルアザラシの背中にデータロガー（UWE1000-PD2GT: 直径：22mm、長さ：124mm、空中重量：92g、メモリ：32Mb、解像度：12 bit）、カメラロガー（DSL-380DVT: 直径：22mm、長さ：138mm、空中重量：73g、メモリ：2Gb、解像度：370×296 pixels、30秒間隔で撮影）、VHF（切り離され水面に浮上したロガーを回収するための発信器）、および浮力体で構成されるロガー・システムを装着し、バイカル湖にアザラシを放した。アザラシの行動に影響を与えないように、この時のデータロガーやカメラロガーの水中の重量はゼロになるように調節されている。このデータロガーは速度（精度：±0.1m/s）、深度（精度：±0.1m）、温度（精度：±0.1℃）の情報を1秒間隔、2軸の加速度を16ヘルツで記録することができる。また、カメラロガーは30秒間隔で画像を撮影できるように調整してある。これらのロガーは装着の際に動物の行動を乱さないように、サイズをできるだけ小さくして、しかも水中で中性浮力が保たれるように設計されている。

面積が琵琶湖の約47倍もある広大なバイカル湖での調査は、たとえ生きた状態でアザラシを捕獲し、データロガーやカメラロガーなどを装着することができても、再度、同じ個体を捕獲して装着したデータロガーやカメラロガーなどを回収することは大変困難であった。そこでこの問題を解決するために、渡辺佑基博士は独自の発想で「自動切り離し装置」を開発した。これによって、研究者は目的に応じて切り離しの時間を自由に設定することができるようになったことから、予定の時間に浮力体に組み込まれたこのロガー・システムをアザラシの個体から引き離し、ロガー・システムに組み込まれているVHFからの発生音を八木式アンテナで追跡し、水面に浮かんでいるロガー・システムを回収することができるようになった（図14）。このようなデータロガーや自動切り離し装置の開発により、このシステムを用いて複数のアザラシから、自然状態のバイカルアザラシの採餌行動、潜水行動、彼らの生息環境などの情報を得ることができるようになった。幸い、この手法が予定通りに作動し、無事にロガー・システムが回収されたことから、回収したデータロガーやカメラロガーの情報をコンピュータに読み込み、情報を解析できるようになり、バイカルアザラシの採餌行動や潜水行動に関してこれまでに報告された情報を凌ぐ、魅力的な情報が得られるようになった。

このバイオロギング・システムを用いた手法は、

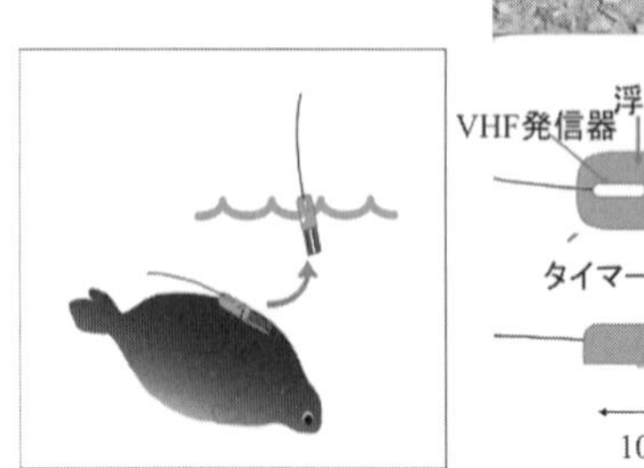

図14　バイカルアザラシに装着したデータロガー・システム（右上）と配置図（右下）。自動切り離しの模式図[50]。

死亡個体の解剖による手法とは異なり、バイカルアザラシに装着したデータロガーやカメラロガーによって、アザラシを生かしたまま、アザラシ自身から採餌行動や潜水行動などの情報を得ることができるようになった。また、通常の方法では昼夜で観測の難易度が異なるが、この手法を用いることにより昼夜における行動を、同じ質のレベルで収集することができるようになった。その結果、バイカルアザラシは昼夜で潜水行動に大きな差異があり、昼間は表層から水深50mの間を頻繁に潜水し、まれに深度200mを超える潜水をしていることが記録された。一方夜間は、夕暮れから深度200mを超える深い潜水をするがしだいに潜水深度が浅くなり、真夜中は水面付近を漂っているが、その後次第に潜水深度が深くなり、明け方には深度200mを超える潜水をしていることが明らかになった（図15）[50)]。

また、バイカルアザラシは、昼間、深い場所から水面に向かって餌生物のカジカを追っている餌追い行動が記録されていた。データロガーやカメラロガーを解析してこの行動を調べると、アザラシは湖の深い層から餌生物であるカジカを認識し、約45度の角度で、約秒速2mの速度に加速して餌に近づき、捕食するようである。この時、アザラシは明るい水面を背景に餌生物である魚をシルエット（影絵）として認識し、一気に速度を上げて餌生物に接近し、捕食する様子が確かめられた[50]。

一方、バイカルアザラシの夜間の潜水行動の分析では、アザラシの胃内容物の解析から発見されたヨコエビのマクロヘクトプスの夜間の鉛直行動によく一致していた。ロシアの研究者はプランクトンネットを使用してマクロヘクトプスの調査を長い期間実施しており、本種が夕方と明け方200m付近まで深く潜り、真夜中は表層付近まで浮上する独特の潜水行動を明らかにしていた。バイカルアザラシの夜間の鉛直行動パターンは、この種類の潜水行動パター

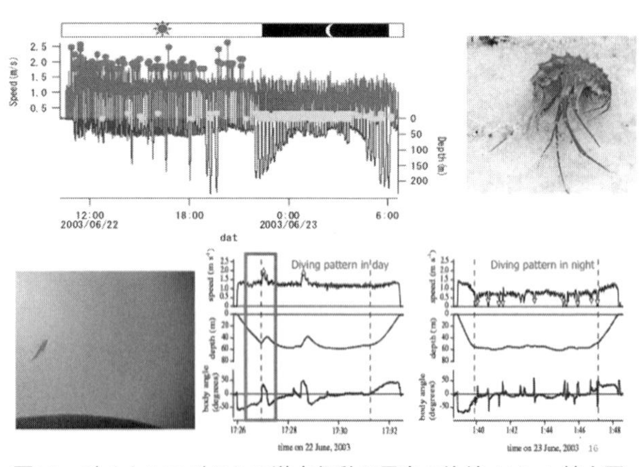

図15　バイカルアザラシの潜水行動の昼夜の比較（上）と拡大図（右下）[50]。カメラが捉えた餌生物のカジカへの追尾シーン（左下）、夜間に捕食していると思われるヨコエビのマクロヘクトプス（右上）。

ンによく類似しており、しかも夜間は、昼間のカジカを捕食する行動とは異なり、ゆっくりとした行動を保ち、頭部を下向きにした捕食行動を示していた[50]。

次に回収した個体の潜水記録を丹念に解析した結果、個体により潜水時、水中移動時、浮上時の間での水深と後肢の動きの関係を詳細に調べることができ、個体によって潜水行動パターンが異なっていることを発見した[49]。第一のパターン（図16の上図）は、潜水開始時には数回後肢を軽く動かした後、自分自身の重さを利用して潜水するが、浮上時には逆に後肢を激しく動かして水面まで到達する行動が観察された。第二のパターン（図16の中図）は、潜水開始時

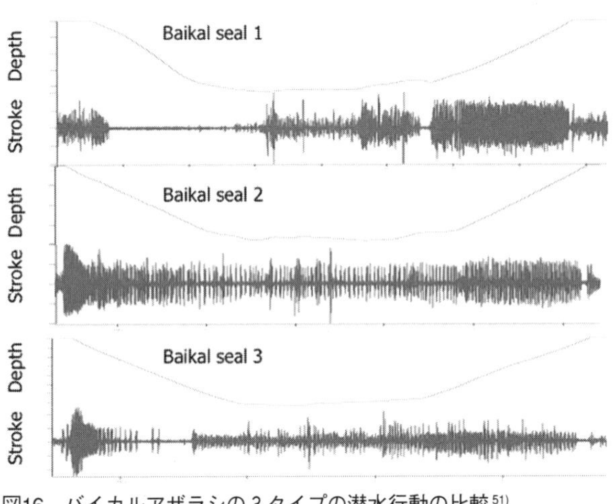

図16　バイカルアザラシの３タイプの潜水行動の比較[51]。

に後肢を左右に激しく動かしてその推進力で潜水し、その後も後肢を動かして水中を移動するが、浮上時には逆に、開始時に軽く後肢を動かした後、水面付近まで浮力を利用して浮上している行動が観察された。第三のパターン（図16の下図）はこの両者の中間タイプである[51]。

渡辺博士は、この潜水・浮上行動の差異は比重が水よりも軽い脂肪の量に起因するのではないかと考え、自らの考え方を検証するために、予想脂肪量に対応した重りをアザラシに装着し、1日後に身体から外れるように設定し、3日後に切り離し装置を作動させデータロガーを回収した。体重の変化すなわち密度の変化に応じてアザラシの潜水行動の変化を記録にとり、解析を進めた。その結果、予想通り、身体の密度の変化が潜水行動に影響を与えることが検証された。すなわち、脂肪が少なく密度の高い個体「痩せた個体」は第一の行動パターンを示し、脂肪が多く密度の低い個体「太った個体」は第二の行動パターンを示すことが明らかになった[51]。この研究成果は一流の国際誌に掲載されると同時に、研究内容を読者に分かりやすく伝えるためにプロのイラストレータにより作成された特別図が掲載された（図17）[52]。

次に渡辺博士はアザラシの体形を考慮して、体密度と速度の関係式を求め、ターミナルな遊泳速度（安定した遊泳速度）から脂肪量を推定する方法を導き、実際の遊泳速度から最も適した脂肪量を推定することに成功した。その結果、これまで死亡個体を解剖しなければ知ることができなかったアザラシの脂肪量を、アザラシを殺すことなく潜水中のターミナルな遊泳速度から推定する画期的な方法を確立した。

このように、日本が開発した最先端のバイオロギング手法により、アザラシを殺すことなくバイカルアザラシの自然環境下での採餌行動、潜水行動、遊泳行動、生息環境などの情報を把握することができるシステムが確立しただけでなく、得られた情報を詳細に解析することにより、アザラシの脂肪量も推

図17　バイカルアザラシの密度変化にともなう潜水・浮上行動を示した模式図[52]。

定できるようになった。このことは、野生動物のエネルギー収支を研究する分野に新たな足跡を残すことになった。バイカルアザラシを対象にした渡辺佑基博士の研究成果は世界の研究者から高く評価され、論文発表後、世界各国の研究者から共同研究の要請があり、その後、彼の研究範囲が飛躍的に拡大していった。

6．バイカルアザラシと人間との関係

(1) アザラシ漁と人間生活との関係

バイカル湖周辺に生活している人々は、長年、バイカル湖に生息しているオームリなどの魚を利用してきたが、人間とバイカルアザラシとの関係はどのようなものであったのであろうか。人々はバイカルアザラシの毛皮や脂肪を利用するが、肉はほとんど食料として利用しない。ところで、ヒグマによる捕殺を別にすると、生態系におけるバイカルアザラシの捕殺者は人間だけである。バイカルアザラシの食性調査の結果では、既に述べたようにバイカル湖で最も商品価値の高い魚であるオームリをアザラシがほとんど食べないことから、重要な漁業資源にはほとんど影響を与えていないと考えられる[53-54]。

バイカルアザラシの捕獲方法は時代の流れにともなって変化してきた。初期の頃は、冬季、補助的な呼吸孔をふさぎ、中心的な呼吸孔から顔を出したアザラシを撲殺した。しかし、この手法では成熟個体を捕獲するのが難しいことから、次の段階では春季にボート、馬ソリ、モーターサイクルなどを利用して氷上にいるアザラシに近づき、捕獲するようになった。最近では、ハンターは白の衣装を身にまとっ

てカモフラージし、白い布の後ろに身を隠しながらアザラシに接近し、数10mから100mの距離からライフル銃で氷上のアザラシを捕獲する方法に変化してきた（図18）。秋季から冬季の初めには、結氷を始めた湾内にアザラシが移動するルートに沿って網を設置し、網に絡まったアザラシを捕獲する方法も導入されている。

（2）利用と個体数推定

バイカルアザラシの捕獲数は年によりまちまちであるが、1917年以前では毎年約2,000～9,000頭、1930年には約6,000頭、1970年後半では5,000～6,000頭が捕獲された[20, 55]。アザラシの毛皮、脂肪および肉が利

図18　バイカルアザラシの捕獲に向かうペトロフ博士（左）とミーシャ博士（右）。

用され、アザラシの子供の毛皮は帽子やコートに、成体の毛皮はブーツに利用される。骨、脂肪、内臓、肉などは近くの毛皮工場で飼育されているミンクなどの餌として利用されてきた。バイカル湖周辺域の人々はまれにアザラシの肉や内臓を食べることがあるが、必要不可欠なものではない。

バイカルアザラシの生息数とその構成を正確に知ることは、本種の保護・管理の上で極めて重要なことである。しかし、これまではバイカルアザラシの個体数変動ならびに生物学的特性値に関する組織的な学術調査は十分に行われてこなかった。捕獲したバイカルアザラシの組成をみると、成体のうち50%が成熟オス、40%が妊娠メス、残りの10%が休止メスであった[56)]。1953年に行われた飛行機を使用した上空からの調査によると、全体の個体数は20,000～25,000頭、1967年に行われた改良された手法を用いた調査では、35,000～40,000頭と推定された[20, 57)]。1971～78年の個体数は68,000～70,000頭と推定された[58)]。その後、アザラシの個体数の減少がみられるが、それは人間の住居が増えたことに関係していると思われる[33, 55, 59)]。最近では、人間による捕獲だけでなく、バイカルアザラシが生息している環境そのものが人間による産業活動によって汚染され、個体数の減少を引き起こしているのではないかと推測されている。

7．バイカルアザラシの進化・系統を探る

野生動物の進化・系統を調べるのは生物学を研究している者にとっては大変夢のある興味深い仕事であるが、実際には未知の事柄が複雑に絡み合っている現象なので、正解を得るには大変難しい課題である。バイカルアザラシの進化・系統の研究の場合も、多くの研究者がそれぞれの専門の立場からこの課題に取り組んできたが、形態の比較や寄生虫の特異性などからの解析法では明解な結論を出すことはなかなか難しく、未解決の課題として残されてきた。そこで、ここでは外部形態や頭骨などの形態比較や寄生虫の特性を比較するだけでなく、最先端の分子生物学的手法やバイカル湖の湖底の柱状堆積物の解析からの地球規模の環境の変化の情報を加味して総合的に考えてみることとした。

ところで、バイカル湖は、冬季、一面に結氷し、氷で湖全域が覆われることが知られている。そこで、石油掘削用の掘削機を用いることにより、ピンポイントでバイカル湖の湖底から柱状堆積物を採集することが可能になり、バイカル湖の長期間にわたる環境変化を知ることができるようになった。国立環境研究所の河合崇欣博士は「バイカル湖の長期的な環

境変化の研究」の日本の研究代表者として、ロシアや米国の研究者と協力してBICERによる国際堆積物掘削調査を実施してきた。この調査によって、約3,000万年のバイカル湖の歴史のうちの3分の1に相当する約1,000万年前から現在に至る堆積物の解析が可能になった。その結果、長期間のバイカル湖周辺域の環境の変化が明らかになり、バイカルアザラシの適応・進化を考える上で有効な情報を提供してくれることになった。

また、近年の分子生物学的な研究では、アザラシの仲間は陸上に生息していたイタチ上科の動物から進化し、海洋に生息環境を広げ、海洋中に生活するように進化したと考えられるようになった。アザラシ類は、クジラ類のように完全に海洋中で生活を送るのではなく、陸上や氷上で体を休めたりしているが、餌生物としては専ら海洋中の魚類や甲殻類などを捕食するようになった。ところが、古代湖で淡水湖であるバイカル湖に海由来のアザラシが生活していることが分かり、多くの研究者がバイカルアザラシの進化・系統に興味を持ち、様々な見解を述べるようになった。実際、私たちもバイカル湖での生態調査・研究をする際のひとつの目玉の研究課題として、「バイカルアザラシの進化・系統を探る」に取り組むことになった。

ただし、この課題に取り組む際には、しっかりした準備をする必要があった。最初に、これまでの研究の歴史を調べ、何が明らかになって、何が未知であるかを整理する必要があった。次に、私たちが自ら調査し、これまでロシアの研究者が実施してきた研究成果の精度をあげること、さらには自分たちでこれまでの研究で不明とされてきた事柄を解明するために最先端の手法を用いた斬新な調査・研究戦略を立案する必要があった。これらの最先端の研究手法を用いて実際に研究している研究者に加わってもらい、必要な生物標本の収集や解析をする研究組織を構築することが大切であった。そこで、当時、第一線で分子生物学的手法を用いて野生動物の進化・系統の研究を展開されている東京大学海洋研究所の沼知健一教授に加わって頂き、組織的に必要な標本を収集する方法を確立するとともに、その標本を用いてミトコンドリアDNAによる遺伝子解析をすることになった。

ユーラシア大陸の地図を広げて見ると、バイカル湖は北極海やカスピ海とは距離が離れているが、それぞれの間は広い平原で繋がっている。そこで、大西洋に生息していたバイカルアザラシ、カスピカイアザラシ、ワモンアザラシの3種類の共通の祖先型である *Phoca pontica* から、分化してきたのではないであろうかと考える説が浮上してきた[24, 60-67]。ひとつの説としては、この共通の祖先型が現在の南西ヨーロッパからロシアまで広がっていたパラテチス海盆に入り、カスピカイアザラシを経て、バイカルアザラシへと分化し、バイカル湖に閉じこめられたというものである。もうひとつの説は、地球の温暖な気候によって氷が融け、北極海の南縁が北緯61度まで南下したときに共通の祖先型が北極海に分布を広げ、ワモンアザラシに分化し、その後バイカル湖へ移動し、地球の寒冷化にともないバイカル湖に閉じこめられた結果、バイカルアザラシに分化したというものである。

ただ、北極海のワモンアザラシがバイカルアザラシへ分化する過程は様々な見解があって、バイカルアザラシが更新世の氷河期に北極海から南下し、エニセイ川をさかのぼってバイカル湖まで到達したのではないかという説[60-61]や、バイカルアザラシは第三紀後期にパラテチス海盆に生息していたワモンアザラシに似た祖先から分化し、その後何回かの氷河期の間に形成された川や湖を経由して南下し、バイカル湖に棲むようになったという説[24, 62-63]がある。しかし、いずれの説も議論の余地があり、私たちの調査を開始するまではコンセンサスが得られていなかった。

バイカルアザラシを長年研究してきたロシアの研究者によれば[24, 64]、バイカルアザラシの頭骨は相対的に大きく、近縁のワモンアザラシやカスピカイアザラシに比較してその形態は類似しており、頭骨の類似形質数で比較すると、バイカルアザラシはカスピカイアザラシよりもワモンアザラシにより類似していると報告している。また、バイカルアザラシからは2種類の寄生虫が知られており、ひとつはシラミの1亜種（*Echinophthirius horridus baicalensis*）、もうひとつは線中類の1亜種（*Contracaecum osculatum baicalensis*）である。シラミは、通常、目の上部、顎の下部、胸鰭の下部に寄生し、線虫は胃内や腸内に寄生している。これらの寄生虫はバイカルアザラシとほかのアザラシとの類縁関係を推定するのに有効である。バイカルアザラシ、ワモンアザラシ、カスピカイアザラシに寄生しているシラミの分類学的研究[65]や線虫の分類学的研究[66]によると、バイカルアザラシとワモンアザラシには同じ亜種が寄生していることが知られていることから、バイカルアザラシはワモンアザラシから進化したとする説を支持する研究者がいる[67]。

一方、頭骨の形態は成長による差、成体の雌雄による差、地域差などが考えられるので、私たちはアザラシの個体差を十分に考慮した頭骨の形態解析を行う必要があった。たとえ頭骨の形態解析でこれら3種類の間での類似関係が精度よく明らかになったとしても、それぞれがどのように分岐したのか、いつ頃分岐したのかというバイカルアザラシの進化・系統をダイナミックに把握することができない。そこで、私たちは原点に戻ってバイカルアザラシ、カスピカイアザラシ、ワモンアザラシを組織的に調査することにした。私は、東京大学海洋研究所沼知研究室の大学院生の佐々木裕之氏と一緒にバイカル湖、カスピ海および北極海にでかけアザラシの生物調査を実施するだけでなく、頭骨などの骨格標本の採集、組織や器官の採集、さらにはDNA標本を組織的に収集した。頭骨などの骨格標本では、成長による差、成体の雌雄差、地域差などを考慮して、比較調査を実施し、ミトコンドリアDNA標本による解析成果と比較することにした。

ところで、動物の種類名は「国際動物命名規約」にもとづいて、基本的にはラテン語を用いて二名法（属名＋種小名）で表記される。本書ではこれまで和名を用いて記述してきたが、ここでは正確を期すために学名も付すことにした。特にワモンアザラシは、生息海域によって5亜種が報告されているので、主な生息域と亜種名も記入することにした。

具体的な調査結果を以下に簡単に記す。バイカルアザラシ（学名：*Phoca sibirica*）、カスピカイアザラシ（*Phoca caspica*）、ワモンアザラシ（*Phoca hispida*）の頭骨標本のうち、頭骨長140cm以上のバイカルアザラシ26個体、カスピカイアザラシ37個体、5亜種（北極海：*Phoca hispida hispida*、バルト海：*Phoca hispida botnica*、ラドガ湖：*Phoca hispida ladogensis*、太平洋：*Phoca hispida ochotensis*、サイマール湖：*Phoca hispida saimensis*）のワモンアザラシ218個体を用いて、20部位の測定値を用いて、頭骨長に対する各部位の測定値の割合の共分散分析を近隣結合法と非加重結合法のマハラノビス距離を用いて3種類の比較を行った。その結果、バイカルアザラシは、カスピカイアザラシよりもワモンアザラシの仲間に近いことが推定された(図19)[68-69]。さらに東京大学の沼知健一教授が中心になって、ミトコンドリアDNAの解析を行い、3種類の系統関係や分岐年代を推定した。バイカルアザラシ（個体数：98頭）、カスピカイアザラシ（同94）、ワモンアザラシ（同87）の合計279個体を対象に、17種の6塩基を用いたミトコンドリアDNAを解析した結果、87のミトコンドリアDNAのハプロタイプ（母系に由来する共通の遺伝子）の存在が確認され、大西洋に生息していた上記3種類の共通の祖先から64万年前にカスピカイアザラシが分化し、38万年前にバイカルアザラシは北極海のワモンアザラシから分化してきたことを示

郵便はがき

232-0063

切手を貼って下さい。

横浜市南区中里1—9—31—3B

群像社 読者係 行

＊お買い上げいただき誠にありがとうございます。今後の出版の参考にさせていただきますので、裏面の愛読者カードにご記入のうえ小社宛お送り下さい。お送りいただいた方にはロシア文化通信「群」の見本紙をお送りします。またご希望の本を購入申込書にご記入していただければ小社より直接お送りいたします。代金と送料（一冊240円から最大660円）は商品到着後に同封の振替用紙で郵便局からお振り込み下さい。
ホームページでも刊行案内を掲載しています。http://gunzosha.com
購入の申込みも簡単にできますのでご利用ください。

群像社　読者カード

●本書の書名（ロシア文化通信「群」の場合は号数）

●本書を何で（どこで）お知りになりましたか。

1 書店　2 新聞の読書欄　3 雑誌の読書欄　4 インターネット
5 人にすすめられて　6 小社の広告・ホームページ　7 その他

●この本（号）についてのご感想、今後のご希望（小社への連絡事項）

小社の通信、ホームページ等でご紹介させていただく場合がありますのでいずれかに◯をつけてください。（掲載時には匿名に する・しない）

お名前（ふりがな）

ご住所
（郵便番号）

電話番号
（Eメール）

購入申込書

書　名	部数

唆した（図19）[70]。この結果は、日本の研究チームが頭骨の計測値の比較から得られた類縁関係に良く類似していることが明らかになった[68-69]。

以上の研究成果から、ふたつの進化・系統の過程が明らかになった。ひとつは、大西洋の共通の祖先型からカスピカイアザラシが約60万年前に分化し、その後カスピ海に閉じこめられた。もうひとつは、共通の祖先型からワモンアザラシが分化し、北極海のワモンアザラシから約40万年前にバイカルアザラシが分化してきたことが明らかになった。すなわち、バイカルアザラシは、大西洋の共通の祖先型からワ

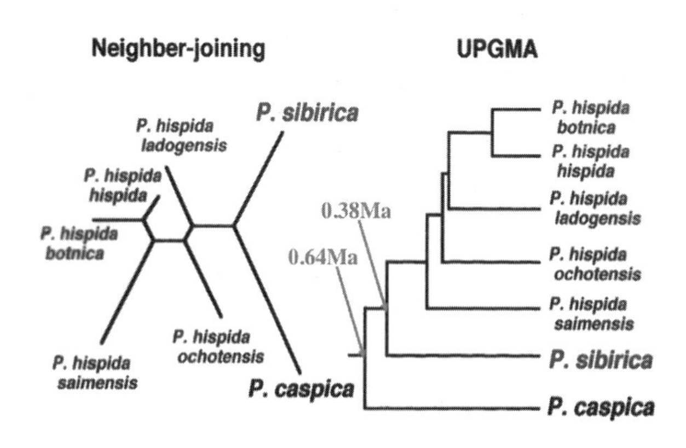

図19　ユーラシア水系に生息するバイカルアザラシ（*Phoca sibirica*）、カスピカイアザラシ（*Phoca caspica*）、およびワモンアザラシ（*Phoca hispida*）の５亜属の頭骨の計測値から推定した系統関係[69]と、ミトコンドリアDNAの解析から推定した分岐年代[70]。

モンアザラシを経てバイカル湖に辿り着き、そこで生活をするようになった。一方、バイカル湖のコア標本分析の結果から、40万年前にユーラシア大陸の気温が上がったため、当時の北極海の南縁がバイカル湖近くまで南下してきたことにより、北極海で生活していたワモンアザラシの一部がバイカル湖に移動し、そこで定住するようになった。その後、地球規模の気温が低下することによって、北極海の南縁が北上することにより現在の位置に戻ることになり、その結果、バイカル湖に定住していたワモンアザラシの一部の集団がバイカル湖に取り遺され、バイカルアザラシに分化したのではないかと考えられる。

すでに述べたように、バイカル湖の総合研究の一環として、河合崇欣博士（国立環境研究所）は、ロシアと共同して地球環境変化の解明のためにバイカル湖の底層を採掘するドリリング調査を実施し、現在から1,000万年前までの湖底の堆積層を採集することに成功した。その結果は、多くの科学論文で公表された[2-3]。

採集した底質の酸素同位対比（$^{18}O/^{16}O$）によりバイカル湖の温度の変化を時系列的に推定することが可能である。特に、過去100万年前から現在までの温度変化をみると、寒暖の変化が見て取れ、全体としては寒冷化の方向にあり、40万年前のバイカル湖周辺部は温暖であったことを示している[71]。

これまでの地質学的調査によると、地球上の温暖化によって北極海の氷が融けて北極海の南縁がバイカル湖の付近まで南下していたことが報告されている。バイカルアザラシ、カスピカイアザラシ、ワモンアザラシの頭骨の形態解析やミトコンドリアDNAの解析による類縁関係、ならびに推定された分岐年代を総合的に考えると[69-70]、大西洋に生息していた3種類のアザラシの祖先型から約60万年前にカスピカイアザラシが分化し、カスピ海に棲むようになり、しかもこの大西洋のアザラシの祖先型が北極海へ移動してワモンアザラシに分化し、このアザラシから約40万年前にバイカルアザラシに分化したと推定することが可能になった（図20）。この仮説は、将来、様々な視点から検証することが求められていることから、関係者の今後の活動が期待される。

近年、地球の温暖化によりシベリア大陸の凍土の一部が融け、これまで凍土に埋もれていたマンモスの赤ちゃんが発見されるようになった。1988年に私は日本のロシア視察団のメンバーとしてロシアを訪問中に、ヤマニ半島から第二番目のマンモスの赤ちゃんが発見された。関係者の話によると、凍土に埋まっていたこの赤ちゃんマンモスは、凍土が融けて地上に姿を現し、北極海沿岸を走行していた船から観察され、現地の人により採集され、サンクトペテルブルグの動物学博物館に搬送され、保存されたとのことであった。私は、ロシア人以外としては最初にこの赤ちゃんマンモスに出会う幸運に恵まれた。このような状況を考えると、今後はユーラシア大陸の凍土の中に埋もれているアザラシの遺体や化石が

図20 バイカルアザラシの湖への移動推定仮説（AルートとBルート）の模式図。太線は40万年前に予想される北極海の南縁。

A説：*Pusa* 亜属の共通祖先型からワモンアザラシに分化し、その後北極海のワモンアザラシからバイカルアザラシに分化した説。
B説：*Pusa* 亜属の共通祖先型からカスピカイアザラシに分化し、その後カスピカイアザラシからバイカルアザラシに分化した説。頭骨の形態から推定した系統関係[69]とミトコンドリアDNAの解析結果[70]はA説を支持する。

次々と発見される可能性が高い。したがって、これらの化石資料を詳細に解析することによって、上記アザラシ３種の分化の詳細な過程が明らかになることが期待できる。今後の新しい情報が楽しみである。

おわりに

1992年に「バイカル湖の動物群集、環境、進化・系統研究」に関する国際共同研究を開始した際には、私たちはバイカル湖の生物や自然環境に関してロシア研究者による論文を通じてしか知ることができなかった。この弱点を補うために、私は何度となく現場を訪れ、自分の目で観察して課題を絞り込み、調査を計画・実施し、その成果を踏まえて関係者と議論を行い、さらなる調査を行ってきた。その成果から、本書では、バイカルアザラシの形態や生態を簡潔ながら説き明かし、ミトコンドリアDNAを用いた分子生物学的解析手法でこれまで推定できなかったユーラシア水系のアザラシ3種の分岐年代を推定し、新しい仮説を提示することができた。

特に、北極海のワモンアザラシからバイカルアザラシが派生した40万年前の環境は、コアーサンプルの解析から推定された温暖期とよく一致しており、ワモンアザラシからバイカルアザラシへ進化した過程を合理的に類推することができるようになった。ただ、ここで扱った試料は限られているので、今後、科学技術の進歩により優れた解析方法が開発される可能性が高いだけでなく、さらに有効な情報や試料が蓄積する可能性も高いことにより、質の高い研究が展開できるのではないかと考えている。特に、地球温暖化による影響で北極圏の凍土が融け始めていることが報告されていることから、凍土に埋もれている多くのアザラシの遺体や化石が発見される可能性が高い。また、分子生物学的分析技術の進歩により、骨細胞のＤＮＡ解析により、詳細な解析が可能になる。将来、ユーラシア大陸を舞台にしたアザラシ類の進化の過程がより詳しく明らかになることを期待したい。

ところで、地球上のアザラシ類の分布とその生息数の変化を見ると、大きなふたつの流れがある。ひとつは、地質学的レベルの地球環境変化により引き起こされた適応と進化の流れと、もうひとつは、産業革命以後の人間の生産活動の活発化や人口増加によるアザラシの生息環境の悪化にともなう生息数への影響である。本書では、前者に焦点を合わせ、バイカルアザラシと近縁なカスピカイアザラシや北極海のワモンアザラシの形態や分子生物学的な特徴を比較し、バイカルアザラシがユーラシア大陸のバイカル湖に閉じこめられた年代とその理由について考えてみた。

他方、後者の人間活動の影響について触れると、有害化学物質による環境悪化が、バイカルアザラシの本来保持している免疫力の低下を引き起こし、ウイルス感染などによる大量死が引き起こされた。私たち日本の研究チームはこれらの課題に対して精力的に取り組み、バイカルアザラシ、カスピカイアザラシ、ワモンアザラシを含むユーラシア水系のアザラシの保全管理や環境保護に対する有効な知見を蓄積してきたが、ここでは紙面の関係上、別の機会にその詳細な状況を紹介することにしたい。関心のある方は最近私が発表した総説[72]を参考にしていただきたい。

ロシアとの国際共同研究を開始する当初、バイカル湖は大都会より離れ、シベリア大陸の東部に位置していることから、私は世界の湖の中でも人間の生産活動による汚染の影響がもっともおよびにくい湖のひとつではないかと考えていた。ところが、バイカル湖南部に建設されたパルプ・製紙工場プラントからの廃液による汚染が指摘されるようになった。さらに、バイカル湖周辺域で使用されている殺虫剤や農薬などが周辺の河川を通じてバイカル湖に注ぎ込まれていることが明らかになった。ところが、世界一深く、透明度が高いこのバイカル湖の流出河川はアンガラ川ひとつで、水の交換率が極めて低く、単純に計算するとすべての水が入れ替わるのに約400年を要することになる。そのため、バイカル湖では、産業廃液や殺虫剤・農薬などで一度汚染されてしまうと、もとのきれいな状態には回復するには長時間を要することが予想される。

日本とロシアの研究チームは、これまでの調査・研究活動から「バイカル湖を守りバイカルアザラシを守ること」が「人間の命を守ること」に繋がっていることを深く知ると同時に、科学的知見を社会に広く公表して、市民の協力のもとにバイカル湖の環境保全に積極的に取り組むべきであるとの共通の認識を持つようになった。現在、バイカル湖の自然環境は深刻な課題に直面している。私たちの調査成果をバイカル湖やその周辺域に生活する人々にも積極的に伝達し、市民がロシア政府や地方行政機関と協力して総合的な環境保全対策を実施することを期待したい。

1987～88年に起きたバイカルアザラシの大量死の要因のひとつとしてジステンパーウイルスによる感染死を指摘する研究者はいたが、その後の日本の研究チームの調査により、ユーラシア水系に生息しているアザラシ3種類が人間由来のインフルエンザにより感染していることが明らかになった[73-74]。インフルエンザウイルスの歴史を辿ると、1918年のスペイン風邪（H1N1型ウイルス）で死者の数が2,000万人に達し、世界的な関心が高まった。その後、1957年には新アジア風邪（H2N2型ウイルス）が流行し日本での死者の数が5,700人に達した。1968年には香港風邪（H3N2型ウイルス）が流行し、1977年にはソ連風邪（H1N1型ウイルスとN3N2型ウイルス）が同時に流行した。1997年には香港で新型インフルエンザウイルス（H5N1ウイルス）が登場し、これまでトリにしか感染しなかったウイルスが人間にも感染することが知られるようになった。また、1976年には、米国ボストン沿岸域でアザラシがインフルエンザウイルスに感染し、大量死したことが知られている。日本では、毎年冬季にインフルエンザによる感染が話題になり、その主なルートとして、「ヒト」社会内の感染と、「トリ」社会や「ブタ」社会からヒトへの感染が議論されているが、私たちの研究成果では、ユーラシア水系のアザラシがヒト由来のインフルエンザに感染しており、しかもカスピカイアザラシでは調査個体の約4分の1がA型インフルエンザウイルスを潜在的に保持していることが明らかになった。その結果、アザラシを含めた野生動物の組織的研究を実施し、人間とアザラシなどの野生動物との間におけるウイルス感染ルートを詳細に把握し、人間社会でのインフルエンザウイルス感染に対する総合的な予防対策を確立する必要性を改めて認識することになった。

　ここで紹介した日本とロシアの共同研究では、

様々な研究分野の専門家が協力してバイカル湖の生態的研究に取り組み、複数の学問分野を横断的に把握した総合的な展開が可能になった。この調査には多くの大学院生や若手研究者も参加し、厳しいフィールド条件の下で、未知の課題に積極的に取り組んでくれた。日本の若い研究者や大学院生が私たちの築き上げたこの日本とロシアの研究者の信頼関係を生かし、さらなる研究を展開してくれることを期待したい。

本書を書くにあたって、様々な方々にお世話になった。特に、苦労を共にした日本ならびにロシアの研究者の協力無くしては本稿の作成は不可能であった。バイカル湖の調査・研究では、ロシア科学アカデミー陸水学研究所のグラチョフ所長、ペトロフ博士、バラノフ博士をはじめ研究所のスタッフの方々、東京大学海洋研究所の沼知健一教授、天野雅男博士、および大学院生の方々に大変お世話になった。情報の収集には茨城大学の森野浩教授にお世話頂いた。カスピ海の調査では、東京大学海洋研究所の新井崇臣博士や海洋開発機構の大石和恵博士をはじめ、カスピ海水産研究所のセルゲーエヴィチ博士とスタッフの方々、北極海のワモンアザラシの調査では、ロシア科学アカデミーの自然保護研究所のベリコフ博士、バルツノフ氏、ならびにハンターのニコライ氏にお世話になった。特に、現地のフィールド調査では、東京大学海洋研究所大学院生の小山靖彦氏、小坂実顕氏、高田佳岳氏、渡辺佑基氏、ならびに佐々木裕之氏（いずれも当時）にお世話になった。彼らはユーラシアの厳しい環境のもとで新たな知見を得るために情熱を持って調査に協力してくれた。彼らのご尽力に心から感謝を表する。そのほかにもお名前を記すことができないが、多くの方々のご協力とご支援のもとに調査・研究を進めてきた。本書はこれらの方々との共同研究の成果を中心に記述したものである。関係者の皆様に心からお礼申し上げる。また、素晴らしいバイカルアザラシの写真の使用を許可して頂いた国立極地研究所の渡辺佑基博士に感謝申し上げる。

本書の執筆を企画し、原稿を作成している過程で、バイカル湖、カスピ海、北極海へアザラシの調査で出かけた場面が走馬灯のように私の脳裏を駆け巡り、あれもこれも書きたいとの気持ちが膨らんできた。当初、「ユーラシア水系に生息するアザラシを追って」のタイトルで環境問題も含めて草稿を書き上げたのであるが、話題が分散しすぎているので、課題を絞り込んでわかりやすく書くようにとの編集者からのアドバイスを受けた。したがって、ここではバイカルアザラシに絞って記述することにした。ただ、著者の思い入れもあって、専門の内容に踏み込んだ書き方になって、読者の皆さんには難解な点もあるかと思うが、ご容赦願いたい。

最後に、本稿の出版の機会を与えて頂いた元東京大学海洋研究所の清水潮教授に心からお礼申し上げる。群像社の島田進矢氏には、私の海外での会議出席などで当初予定していた原稿の作成のスケジュールが大幅に遅れ、編集作業を停滞させたにもかかわらずに、送付した原稿の編集作業を丁寧に進めていただいた。ここに心から感謝申し上げる。

2015年8月末日　　　　著　者

引用文献

1. Miyazaki, N. 2012. Seal survey in Eurasian waters in collaboara-tion with Russian scientists. Aquatic Mammals, 38(2): 189-199.
2. Minoura, K. 2000. Lake Baikal. Elsevier. pp. 332.
3. Kashiwaya, K. 2003. Long continental records from Lake Baikal. Springer. pp. 370.
4. 森野浩・宮崎信之. 1994. バイカル湖　古代湖のフィールドサイエンス　東京大学出版会 pp. 267.
5. Wada, E., Timoshikin, O. A., Fujita, N., and Tanida, K. 1997. New Scope on Boreal Ecosystems in East Siberia. DIWPA Series, Volume 2. pp. 179.
6. Rossiter, A. and Kawanabe, H. 2000. Ancient Lakes: Biodiversity, Ecology and Evolution. Academic Press. pp. 624.
7. Numachi, K. Studies on the Animal Community, Phylogeny and Environment in Lake Baikal. 1994. Monbusho Grant-in-Aid for International Scientific Research (Project Number: 04041035). pp. 133.
8. Miyazaki, N. 1997. Animal Community, Environment and Phylogeny in Lake Baikal. Monbusho Grant-in-Aid for International Scientific Research (Project Number: 07041130). pp. 174.
9. Miyazaki, N. 1999. Biodiversity, Phylogeny and Environment in Lake Baikal. Monbusho Grant-in-Aid for International Scientific Research (Project Number: 09041149). pp. 219.
10. 森野浩. 1994. 多様なヨコエビ類をめぐって 137-166 バイカル湖（森野浩・宮崎信之編）
11. 藤井昭二. 1994. バイカル湖の地形と地質 23-57 バイカル湖（森野浩・宮崎信之編）

12. 林 進. 1994. バイカル湖周辺の森林環境と植物 83-97 バイカル湖（森野浩・宮崎信之編）
13. Kozhova, O. M. and Izmest'eva, L. R. 1998. Lake Baikal. Publishers, Leiden. pp. 447.
14. Rice, Dale W. 1977. A list of the marine mammals of the world. U.S. Department of Commerce, National Oceanic and Atmospheric Administration, National Marine Fisheries Service. pp. 15.
15. 長谷川政美. 2011. 動物の起源と進化 八坂書房 pp. 207.
16. 松井孝典. 2005. 松井教授の東大駒場講義録 集英社 pp. 229.
17. Ohno, S., Kadono, T., Kurosawa, K., Hamura, T., Sakaiya, T., Shigemori, K., Hironaka, Y., Sano, T., Watari, T., Otani, K., Matsui, T., and Sugita, S. 2014. Production of sulphate-rich vapourduring the Chicxulub impact andimplications for oceanacidification. Nature Geoscience, 7: 279-282.
18. 宮崎信之. 2008. 理科年表（国立天文台編）193 丸善株式会社, pp. 373.
19. Bonner, W. N.1989. The Natural History of Seals, Christopher Helm, London. pp. 196.
20. Pastukhov,V. D. 1976. Baikal seal or Baikal ringed seal, 220-231. In: Mlekopitayushchikh v SSSR. Heptner ed. Moscow.
21. Endo, H., Sasaki, H., Hayashi, Y., Petrov, E. A., Amano, M., Miyazaki, N. 1998a. Macroscopic observations of the facial muscles in the Baikal seal (*Phoca sibirica*). Marine Mammal Science, 14(49): 778-788.
22. Endo, H., Sasaki, H., Hayashi, Y., Petrov, E.A., Amano, M. and Miyazaki, N. 1998b. Functional relationship between muscles of mastication and skull with enlarged orbit in the Baikal seal (*Phoca sibirica*). J. Vet. Med. Sci., 60(6): 699-704.

23. Endo, H., Sasaki, H., Hayashi, Y., Petrov, E.A., Amano, M., Suzuki, N. and Miyazaki, N. 1999. CT examination of the head of the Baikal seal (*Phoca sibirica*). J. Anat., 194: 119-126.
24. Chapskii, K.K.1955. Contribution to the problem of the history of development of the Caspian and Baikal seals. Trudy Zool. Inst. Akad. Nauk. SSSR. 17: 200-216. Canadian Fish.Res. Bd. Translation Series. No. 174.
25. Anderson, S. S. 1986. ワモンアザラシの雪洞づくりと子育て　動物大百科　第2巻　海生哺乳類（大隈清治監修）平凡社 pp.159
26. Pastukhov, V. D.1975a. Number and distribution of the post parturient females of the Baikal seal, 39-41. In:"IV oye Vsesoyuznaya Konferentsiya po Izucheniyu Morshikh Mlekopitayuschchikh", Tezisy Dokladov.
27. Ognev, S. 1935. Mammals of USSR and adjacent countries. Carnivora (Fissipedia and Pinnipedia), Translation for National Science Foundation 1962 by Israel Program for Scientific Translations in Jerusalem, 3: 466-479.
28. Scheffer, V.B. 1985. Seals, Sea Lions, and Walruses, Stanford University Press, Stanford, California. pp. 179.
29. Pastukhov, V. D. 1961. On autumn and early winter distribution of the seal on the Lake Baikal. Izvestiya Gosudarstvennogo Nauchno-issledovatel'skogo Instituta Ozernogo i Rechnogo Rybnogo Khozyaistva.
30. Pastukhov, V. D. 1975b. Birth time and duration of pupping period of Baikal seal, 41-43. In:"IV oye Vsesoyuznaya Konferentsiya po Izucheniyu Morshikh Mlekopitayuschchikh", Kiev.
31. Pastukhov,V. D.1968a. New data on reproduction of Baikal seal, 127-135. In: "Morskiye Mlekopitayushchiye" (V. A. Arsen'ev, B. A. Zenkovich and K. K. Chapskii, eds.). Nauka,

Moscow.
32. Pastukhov,V. D. 1968b. On twins in *Pusa sibirica* Gmel. Zool. Zhur., 47: 479-482 (English summary).
33. Kozhov, M. 1963. Lake Baikal and its Life. Dr. W. Junk Publ., The Hague. pp. 344.
34. Pastukhov,V. D. 1969a. Sexual maturity in female Baikal seals, pp.127-135. In: "Morskiye Mlekopitayushchiye" (V. A. Arsen'ev, B. A. Zenkovich and K. K. Chapskii, eds.). Nauka, Moscow.
35. Pastukhov,V. D. 1974. Some results and problems on population study of Baikal seals. In: Nature of Baikal, 235-248. Nauka Leningrad (in Russia).
36. Miyazaki, N. 1980. Preliminary note on age determination and growth of the rough-toothed dolphin, *Steno bredanensis*, off the Pacific coast of Japan. Rep. Int. Whal. Commn. (Special Issue 3). 171-179.
37. Amano, M., Miyazaki, N. and Petrov, E. A. 2000a. Age determination and growth of Baikal seals (*Phoca sibirica*). Ancient Lakes: Biodiversity, Ecology and Evolution. Advances in Ecological Research 31, 449-462. (eds. A Rossiter and H. Kawanabe). Academic Press. pp. 624.
38. Grachev, M. A., Kumarev, V. P., Mamaev, L. V., Zorin, V. L., Baranova, L. V., Denikina, N. N., Belikov, S. I., Petrov, E.A., Kolesnik, V. S., Kolesnik, R. S., Dorofeev, V. M., Beim, A. M., Kudelin, V. N., Nagieva, F. G., and Sidorov, V. N. 1989. Distemper virus in Baikal seals. Nature, 338; 209.
39. Osterhaus, A. D. M. E., Groen, J., UytdeHaag, F. G. C. M., Visser, I. K. G., van de Bildt, M. W. G., Bergman, A., Klingeborn, B.1989. Distemper virus in Baikal seals. Nature, 338: 209-210.
40. Sato, K., Mitani, Y., Kusagaya, H., Naito, Y. 2003.

Synchronous shallow dives by Weddell seal mother-pup pairs during lactation, Marine Mammal Science, 19(2): 384-385
41. Pastukhov, V. D. 1966. Feeding of the Baikal seal. Trudy Limnol. Inst. Sibir. Otdel. Akad. Nauk. SSSR, 6: 152-163.
42. Pastukhov, V. D. 1977. Fishery resources of the Lake Baikal, their study, conservation and utilization, 12-18. In: "Krugovorot Veshchestva i Energii v Vodoyemakh, Ryby i Rybnye Resusy, Tezisy Dokladov, IV oye Vsesoyuznoye Limnologiches koye Soveshchaniye, Listvennichnoye" , Baikal.
43. Ivanov, T. M. 1936. On the food of the Baikal seal (*Phoca sibirica*) and methods for its study, Izvest. Biologo-Geograf. Nauchno-issledovatel. Inst. Prirody, Vostochno-Sibirskago Universiteta, 7: 137-140.
44. Pastukhov, V. D. 1993. Baikal seal. Nauka, Novosibirsk. pp. 272.
45. Yoshii, K., Melnik, N. G., Timoshkin, O. A., Bondarenko, N. A., Anoshko, P. N. Yoshioka, T., and Wada, E. 1999. Stable isotope analyses of the pelagic food web in Lake Baikal. Limnology and Oceanography, 44(3): 502-511.
46. Ogawa, N. O., Yoshii, K., Melnik, N. G., Bondarenko, N. A., Timoshkin, O. A., Smirnova-Zalumi, N.S.,Smirnov, V.V., and Wada, E. 2000. Carbon and nitrogen isotope studies of the pelagic ecosystem and environmental fluctuations of Lake Baikal. 262-272. Lake Baikal. (ed. K. Minoura). Elsevier. pp.332.
47. Pastukhov, V. D.1969b. Some results of observations on the Baikal seal under experimental condition, 105-110. In: "IV oye Vsesoyuznaya Konferentsiya po Izucheniyu Morshikh Mlekopitayushchiye", Tezisy Doklandov, Canadian Fish. Res. Bd. Translation Series No. 3544.
48. Swain, W. R. 1980. The world's greatest lakes, Nat. Hist., 89: 56-61.

49. Stewart, B .S., Petrov, E. A., Timonin. A, Ivanov. M. 1996. Seasonal movements and dive patterns of juvenile Baikal seals, *Phoca sibirica*, Marine Mammal Science, 12(49): 528-542.
50. Watanabe, Y., Baranov, E. A. Sato, K., Naito, Y., Miyazaki, N. 2004. Foraging tactics of Baikal seals differ between day and night. Marine Ecology Progress Series, 279: 283-289.
51. Watanabe, Y., Baranov, E.A., Sato, K., Naito, Y., Miyazaki, N. 2006. Body density affects stroke patterns in Baikal seals. Journal of Exprimental Biology, 209: 3269-3280.
52. Phillips, K. 2006. Divers adapt as fatness varies. The Journal of Experimental Biology.
53. Gromov, I. M. 1963. Mammalian fauna of the USSR. Izdatel. Nauka, Akad. Nauk. SSSR. Part 2, 942-944.
54. Guriva, L. A. and Pastukhov, V. D. 1974. Nutrition and feeding relationship of pelagic fish and Baikal seal (G. I. Galazy ed.), Izdatel'stvo Nauka, Sibiriskoye Otedeleniye, Novosibirisk, pp. 185.
55. Pastukhov, V.D. 1978a. Baikal seal, 251-259. In: "Problem Baikala" (G. L. Galaziy and K. K. Votintsev eds.), Nauka, Sibirskoye Otdeleniye, Novosibirsk.
56. Pastukhov, V. D. 1965. A contribution to the methodology of counting Baikal seal, 100-104. In "Morskiye Mleko-pitayushchiye" E. A. Pavlovskiy, V. A. Arsen'ev, S. E. Kleinenberg and K. K. Chapskii eds. Izdatel'stvo Nauka, Moscow, Canadian Fish. Res. Bd. Translation Series No. 676571.
57. Pastukhov, V. D. 1969c. Some indexes of the Baikalseal herd and their commercial hunting, 117-126. In: "Morskiye Mlekopitayushchiye" V. A. Arsen'ev, B. A. Zenkovich and K. K. Chapskii, eds., Nauka Moscow.
58. Pastukhov, V. D. 1978b. Scientific production experiment on

the Baikal seal, 257-258. In: "Morshikh Mlekopitayuschchikh", Moscow.

59. Pastukhov, V. D. 1967. The Baikal seal as a last link in production of lake's pelagial zone, 243-252. In: Krugovorot Vexhchestva i Energii v Osernykh Vodoyemakh", Nauka, Moscow.
60. Ray, R. E.1976. Geography of phocid evolution, Syst. Zool., 25: 391-406.
61. Repenning, C. A., Ray, C. E. and Grigorescu, D. 1979. Pinniped biogeography, 357-369. In: "Historical Biogeography, Plate Techtonics and the Changing Environment" (J. Gray and A. J. Boucot, eds.), Oregon State University Press, Oregon. pp. 512.
62. Davies, J. L. 1958. Pleistocene geography and the distribution of northern pinnipeds. Ecology, 39: 97-113.
63. McLaren, I. A. 1960. On the origin of the Caspian and Baikal seals: the paleoclimatological implications. Amer. J. Sci., 258: 47-65.
64. Pastukhov, V. D. 1969d. Craniometric characteristics of Baikal seal (*Pusa sibirica* Gmelin), Zool. Zhur., 48: 722-733.
65. Ass, M. 1935. Ectoparasites of the Baikalian seal. Trudy Baikal. Limnol. Inst. Akad. Nauk., SSSR, 6: 23-29.
66. Mozgovoy, A. A. and Ryzhikov, K. M. 1950. The problem of the origin of the Baikal seal in the light of the helminthological science. Dokl. Akad. Nauk SSSR, Seriya Biologiya, 72: 997-999.
67. Thomas, J., Pastukhov, V., Elsner, R. and Petrov, E. 1982. *Phoca sibirica.* Mammalian Species, 188:1-6, 4 figs.
68. Amano, M., Koyama, Y., Petrov, E. A., Hayano, A., and Miyazaki, N. 2000b. Morphometric comparison of skulls of seals of the subgenus *Pusa.* 315-323. Lake Baikal. (ed. K. Minoura).

Elsevier. pp. 332.

69. Koyama, Y., Amano, M., Miyazaki, N., Petrov, E. A., Sergeevich, K., Belikov, S., Boltunov, A. 1997. Age composition, growth and skull morphology of three species in the subgenus *Pusa* (*Phoca sibirica*, *Phoca caspica* and *Phoca hispida*). 79-90. In: Animal Community, Environment and Phylogeny in Lake Baikal (N. Miyazaki ed.). pp.174.
70. Sasaki, H., Numachi, K., and Grachev, M. A. 2003. The origin and genetic relationship of the Baikal seal, *Phoca sibirica*, by restriction analysis of mitochondrial DNA. Zoological Science, 20 (11): 1417-1422.
71. 増田富士雄. 1991. 古気候変動史から見た現在　地学雑誌 100: 976-987.
72. 宮崎信之. 2014. バイカル湖における有害化学物質による環境汚染――バイカルアザラシを指標として　環境技術 43: 26-33.
73. Ohishi, K. Ninomiya, A., Kida, H., Park, C-H., Masruyama, T., Khursakin, L. S., Miyazaki, N. 2002. Serological evidence of transmission of human influenxa A and B viruses to Caspian seals (*Phoca caspica*). Microbiol, Immunol., 46: 639-644.
74. Ohishi K., Kishida, N., Ninomiya, A., Kida, H., Takada, Y., Miyazaki, N., Boltunov, A. N. Maruyama, T. 2004. Antibodies to human-related H3 influenza A virus in Baikal seals (*Phoca sibirica*) and ringed seals (*Phoca hispida*) in Russia. Microbiol. Immunol., 48 (11): 905-909.

宮崎信之（みやざき のぶゆき）
東京大学名誉教授、農学博士。京都大学農学部水産学科卒業、東京大学大学院農学系研究科博士課程修了。琉球大学理工学部助手、国立科学博物館動物研究部主任研究官、東京大学教授を歴任。主な著書に『海の哺乳類』（共編、サイエンティスト社）、『クジラの世界』（監修、創元社）、『恐るべき海洋汚染』（合同出版）、『トロと象牙』（共著、日本放送出版協会）、『バイカル湖』（共編、東京大学出版会）、『イルカは1000万年も人間をまっていた』（PHP研究所）、『三陸の海と生物：フィールド・サイエンスの新しい展開』（共編、サイエンティスト社）など。
1946年、東京生まれ。

ユーラシア文庫1

バイカルアザラシを追って—進化の謎に迫る—

2015年11月27日　初版第1刷発行

著　者　宮崎信之

企画・編集　ユーラシア研究所

発行人　島田進矢

発行所　株式会社 群 像 社
神奈川県横浜市南区中里1-9-31 〒232-0063

電話／FAX 045-270-5889　郵便振替　00150-4-547777

ホームページ　http://gunzosha.com

Eメール info@gunzosha.com
印刷・製本　シナノ

カバーデザイン　寺尾眞紀／カバー写真　渡辺佑基

ISBN978-4-903619-58-3

「ユーラシア文庫」の刊行に寄せて

1989年1月、総合的なソ連研究を目的とした民間の研究所としてソビエト研究所が設立されました。当時、ソ連ではペレストロイカと呼ばれる改革が進行中で、日本でも日ソ関係の好転への期待を含め、その動向には大きな関心が寄せられました。しかし、ソ連の建て直しをめざしたペレストロイカは、その解体という結果をもたらすに至りました。

このような状況を受けて、1993年、ソビエト研究所はユーラシア研究所と改称しました。ユーラシア研究所は、主としてロシアをはじめ旧ソ連を構成していた諸国について、研究者の営みと市民とをつなぎながら、冷静でバランスのとれた認識を共有することを目的とした活動を行なっています。そのことこそが、この地域の人びととのあいだの相互理解と草の根の友好の土台をなすものと信じるからです。

このような志をもった研究所の活動の大きな柱のひとつが、2000年に刊行を開始した「ユーラシア・ブックレット」でした。政治・経済・社会・歴史から文化・芸術・スポーツなどにまで及ぶ幅広い分野にわたって、ユーラシア諸国についての信頼できる知識や情報をわかりやすく伝えることをモットーとした「ユーラシア・ブックレット」は、幸い多くの読者からの支持を受けながら、2015年に200号を迎えました。この間、新進の研究者や研究を職業とはしていない市民的書き手を発掘するという役割をもはたしてきました。

ユーラシア研究所は、ブックレットが200号に達したこの機会に、15年の歴史をひとまず閉じ、上記のような精神を受けつぎながら装いを新たにした「ユーラシア文庫」を刊行することにしました。この新シリーズが、ブックレットと同様、ユーラシア地域についての多面的で豊かな認識を日本社会に広める役割をはたすことができますよう、念じています。

ユーラシア研究所